一冊に凝縮
Compact Edition

Excel
の基本が学べる教科書

手軽に学べて、今すぐ役立つ。

最新
Office 2024/
Microsoft 365 対応

青木志保

SB Creative

本書に関するお問い合わせ

この度は小社書籍をご購入いただき誠にありがとうございます。小社では本書の内容に関するご質問を受け付けております。本書を読み進めていただきます中でご不明な箇所がございましたらお問い合わせください。なお、ご質問の前に小社Webサイトで「正誤表」をご確認ください。最新の正誤情報を下記Webページに掲載しております。

本書サポートページ

https://isbn2.sbcr.jp/31253/

上記ページの「サポート情報」をクリックし、「正誤情報」のリンクからご確認ください。なお、正誤情報がない場合は、リンクは用意されていません。

ご質問送付先
ご質問については下記のいずれかの方法をご利用ください。

Webページより
上記サポートページ内にある「お問い合わせ」をクリックしていただき、メールフォームの要綱に従ってご質問をご記入の上、送信してください。

郵送
郵送の場合は下記までお願いいたします。
　〒105-0001
　東京都港区虎ノ門2-2-1
　SBクリエイティブ 読者サポート係

- 本書内に記載されている会社名、商品名、製品名などは一般に各社の登録商標または商標です。本書中では©、™マークは明記しておりません。
- 本書の出版にあたっては正確な記述に努めましたが、本書の内容に基づく運用結果について、著者およびSBクリエイティブ株式会社は一切の責任を負いかねますのでご了承ください。

©2025 Shiho Aoki
本書の内容は著作権法上の保護を受けています。著作権者・出版権者の文書による許諾を得ずに、本書の一部または全部を無断で複写・複製・転載することは禁じられております。

はじめに

「請求者や見積書の作成」「資料用の表やグラフの作成」「売上や営業成績の集計」など、日々の仕事でエクセルを使用する場面は多くあります。1日の大半をエクセルを操作してすごす、という人も少なくないでしょう。

エクセルの使い方を身につけることは、オフィスワークを行う人にとっては必須と言えるものになっていますが、エクセルは多機能なツールであり、すべてを理解するのは難しいでしょう。

しかし、すべての機能を使いこなせるようになる必要はありません。日々の仕事に必要な機能は、そう多くはないのです。基本的な機能さえ理解できれば、十分に仕事に対応できるのです。

本書は、エクセルの使い方の「基本」を解説しています。「表の作成」「文字の設定」「データの整理」「計算と関数」「グラフの作成」といった、日々の仕事に対応するための知識を手軽に学習できます。操作手順も丁寧に解説してありますので、すぐに使い方が身につくはずです。

練習用のファイルも用意してありますので、ファイルをWebからダウンロードして、まずは、本書の手順に合わせて操作を行ってみてください。次は、設定内容をちょっと変えるなど、いろいろと試しながら知識を広げていきましょう。

エクセルの基本を学んで、効率的に仕事を行えるようになりましょう。

2025年1月

青木 志保

ご購入・ご利用の前に必ずお読みください

- 本書では、2025年1月現在の情報に基づき、エクセルについての解説を行っています。

- 画面および操作手順の説明には、以下の環境を利用しています。エクセルのバージョンによっては異なる部分があります。あらかじめご了承ください。
  - ・エクセル：Office 2024
  - ・パソコン：Windows 11

- 本書の発行後、エクセルがアップデートされた際に、一部の機能や画面、操作手順が変更になる可能性があります。あらかじめご了承ください。

本書の使い方

本書は、日々の仕事に必要なエクセルの知識を手軽に学習することを目指した入門書です。63のレッスンを順番に行っていくことで、エクセルの基本がしっかり身につくように構成されています。

紙面の見方

セクション
本書は6章で構成されています。
レッスンは1章から通し番号が振られています。

手順
レッスンで行う操作手順を示しています。画面と説明を見ながら、実際に操作を行ってください。

Section 02 ファイルを新規に作成する

文書を作成するには、ファイルを新規作成する必要があります。ホーム画面を表示し、[空白のブック]をクリックしましょう。ブックの表示中は、[ファイル]をクリックしてホーム画面を表示し、[新規]をクリックして作成します。

ファイルを新規に作成する

パソコンを起動してデスクトップ画面を表示し、デスクトップ画面の下側にある「■」をクリックします。

1 「■」をクリック

すべてのアプリをクリックして、パソコンにインストールされているアプリケーションから「Excel」を探します。

2 すべてのアプリをクリック

アプリケーションの一覧からExcelをクリックします。

3 Excelをクリック

仕事に役立つ！ 日常的にエクセルを利用する人のニーズを研究し、今すぐ仕事に役立つ知識を集めました。

手軽に学べる！ ほどよいボリュームとコンパクトな紙面で、必要な知識を手軽に学ぶことができます。

すぐに試せる！ 練習用ファイルをWebからダウンロードすることができます。操作を試しながら学習していきましょう。

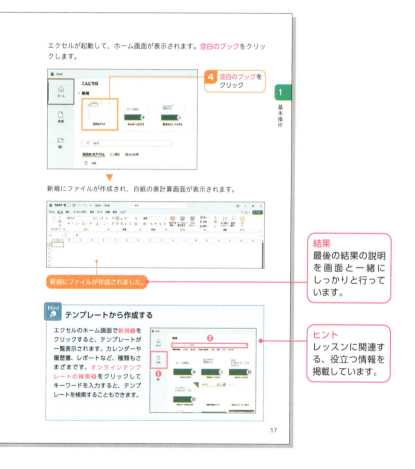

目次 contents

はじめに ……………………………………………………………… 3

本書の使い方 ………………………………………………………… 4

練習用ファイルの使い方 ………………………………………… 12

第 1 章 基本操作

01 エクセルとは ……………………………………………… 14

02 ファイルを新規に作成する ……………………………… 16

03 作成したファイルを保存する …………………………… 18

04 文字の入力と編集 ………………………………………… 20

05 入力モードの切り替え方 ………………………………… 22

06 リボンからコマンドを選択する ………………………… 24

07 便利なショートカットメニュー ………………………… 26

08 繰り返しとやり直し ……………………………………… 28

09 文字のコピーと貼り付け ………………………………… 32

10 画面を拡大/縮小して表示する ………………………… 34

11 ファイルを印刷する ……………………………………… 36

12	PDFとして出力する	42
13	ヘルプで調べる	44
14	オプション画面を利用する	46

第2章 表の作成

15	シートを追加する	50
16	表の範囲のセルを選択する	52
17	表の周囲を罫線で囲む	54
18	罫線の太さや色などを変更する	56
19	表の大きさを変更する	60
20	行や列を追加/削除する	64
21	表に色を付ける	68
22	隣り合ったセルを結合する	70

目次 contents

第3章 文字の設定

23	データの形式を変更する	74
24	文字の大きさを変更する	78
25	文字の種類を変更する	80
26	文字に飾りを付ける	82
27	文字を折り返して表示する	86
28	文字を縮小して表示する	88
29	文字の配置を設定する	90
30	文字の向きを設定する	92
31	文字にフリガナを付ける	94
32	セルに条件付き書式を設定する	96

第4章 データの整理

33 入力したデータを修正する …………………………………… 100

34 データを移動する ……………………………………………… 102

35 データを検索 / 置換する ……………………………………… 104

36 データを並べ替える …………………………………………… 106

37 必要なデータだけを表示する ……………………………… 110

38 テーブルを活用する …………………………………………… 114

39 連続するデータを自動で入力する ……………………… 118

40 表を保護する …………………………………………………… 120

41 表を複製する …………………………………………………… 124

42 シートごと表を複製する …………………………………… 126

43 表の一部を非表示にする …………………………………… 128

44 表の見出しを固定表示する ………………………………… 130

45 ヘッダーとフッターを挿入する ………………………… 132

46 表にコメントを追加する …………………………………… 134

目次 contents

第5章 計算と関数

47 四則計算をする ………………………………………… 138

48 合計を計算する ………………………………………… 140

49 平均を計算する ………………………………………… 144

50 数値の個数を計算する ………………………………… 146

51 計算式をコピーする …………………………………… 148

52 数値を四捨五入する …………………………………… 150

53 最大値/最小値を表示する …………………………… 152

54 関数の範囲を変更する ………………………………… 154

55 覚えておくと便利な関数 ……………………………… 156

第6章 グラフの作成

56 折れ線グラフを作成する ……………………………………… 162

57 グラフの種類を変更する ……………………………………… 164

58 グラフのデータを修正する …………………………………… 166

59 グラフに見出しを付ける ……………………………………… 168

60 グラフの見た目を変更する …………………………………… 172

61 グラフの行と列を入れ替える ………………………………… 176

62 グラフの選択範囲を変更する ………………………………… 178

63 種類を組み合わせて作成する ………………………………… 180

付録 Copilot を活用しよう ………………………………………… 184

エクセルで使えるショートカットキー ……………………………… 188

索引 ……………………………………………………………………… 190

練習用ファイルの使い方

学習を進める前に、本書の各レッスンで使用する練習用ファイルを、以下のWebページからダウンロードしてください。

練習用ファイルのダウンロード

https://www.sbcr.jp/support/4815630202/

上記のURLを入力してWebページを開いて、ExcelTraining.zipをクリックして練習用ファイルをダウンロードします。
練習用ファイルはZIP形式で圧縮されています。ダウンロード後は、圧縮ファイルを展開して、任意のフォルダーに保存してご使用ください。

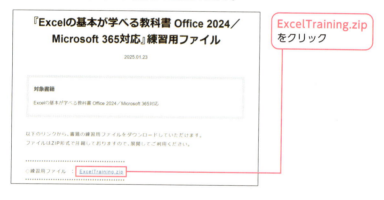

ExcelTraining.zipをクリック

練習用ファイルを開こうとすると、画面の上部に警告が表示されます。これはインターネットからダウンロードしたファイルには危険なプログラムが含まれている可能性があるためです。本書の練習用ファイルは問題ありませんので、編集を有効にするをクリックして、各レッスンの操作を行ってください。

編集を有効にするをクリック

第 **1** 章

基本操作

Section

01 エクセルとは

まずはエクセルで何を行うことができるのかを確認しましょう。**表の作成**や**関数を使った計算**、**グラフの作成**などを行うことができます。作成したデータは、印刷したり PDF に出力して使用することが可能です。

エクセルでできること

表の作成

ひらがな、カタカナ、漢字、アルファベットなどの文字や数字を入力し、罫線と組み合わせることで表を作成することができます。

計算

さまざまな関数や計算式を利用して、計算することができます。計算はセルを参照して簡単に行うことが可能です。

グラフの作成

作成した表をグラフにすることができます。グラフにはさまざまな種類があり、用途に合わせて変更することが可能です。

エクセルの画面

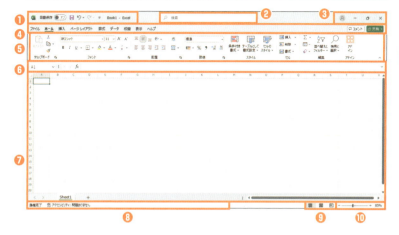

❶ **クイックアクセスツールバー**です。初期設定では、「上書き保存」のアイコンが表示されています。

❷ **検索欄**です。セルに記入されている文字や数値を検索することができます。

❸ アカウント情報の確認やウィンドウサイズの変更、エクセルの終了をすることができます。

❹ **タブ**が表示されています。「ファイル」「ホーム」など、それぞれのタブをクリックすることで、対応する「リボン」がその下に表示されます。

❺ **リボン**が表示されています。リボンに表示された項目を選択すると、対応する機能が実行されます。リボンは機能の種類ごとに**グループ**に分けられています。

❻ 現在選択されているセルや、セルに入力されている内容が表示される領域です。

❼ **表計算画面**です。文字や数字をセルに入力する領域になります。

❽ **ステータスバー**です。ページ数や文字数、言語など、文書の作成状態を確認できます。

❾ **表示選択ショートカット**が表示されています。ショートカットを選択すると、「閲覧モード」「印刷レイアウト」など、文書の表示モードを切り替えることができます。

❿ 作成中の文書の表示を拡大/縮小することができます。

Section 02 ファイルを新規に作成する

文書を作成するには、ファイルを新規作成する必要があります。ホーム画面を表示し、［空白のブック］をクリックしましょう。ブックの表示中は、［ファイル］をクリックしてホーム画面を表示し、［新規］をクリックして作成します。

ファイルを新規に作成する

パソコンを起動してデスクトップ画面を表示し、デスクトップ画面の下側にある「■」をクリックします。

1 「■」をクリック

すべてのアプリをクリックして、パソコンにインストールされているアプリケーションから「Excel」を探します。

2 すべてのアプリをクリック

アプリケーションの一覧からExcelをクリックします。

3 Excelをクリック

エクセルが起動して、ホーム画面が表示されます。**空白のブック**をクリックします。

4 空白のブックをクリック

新規にファイルが作成され、白紙の表計算画面が表示されます。

新規にファイルが作成されました。

Hint テンプレートから作成する

エクセルのホーム画面で**新規❶**をクリックすると、テンプレートが一覧表示されます。カレンダーや履歴書、レポートなど、種類もさまざまです。**オンラインテンプレートの検索❷**をクリックしてキーワードを入力すると、テンプレートを検索することもできます。

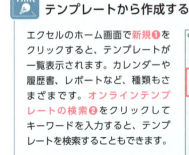

1 基本操作

Section 03

練習用ファイル　03_作成したファイルを保存する.xlsx

作成したファイルを保存する

ファイルを作成したら**保存**しましょう。保存しないままエクセルを終了すると、編集した内容が消えてしまいます。パソコンの電源が落ちたなどのトラブルにも備えて、編集中にも保存を行うことをおすすめします。

ファイルに名前を付けて保存する

ファイルをクリックします。

表示された画面で、**名前を付けて保存**をクリックしてメニューを表示し、保存先を指定するために**参照**をクリックします。

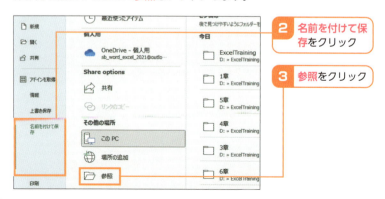

ここでは「ドキュメント」フォルダーに保存します。**ドキュメント**をクリックしてフォルダーを指定し、**ファイル名**を入力します。

4 **ドキュメント**をクリック

5 **ファイル名**を入力

保存をクリックすると、指定したフォルダーにファイルが保存されます。

6 **保存**をクリック

Hint 上書き保存する

一度保存した文書を編集した場合は、上書き保存で変更した内容を保存できます。ホーム画面で**上書き保存**をクリックするか、文書作成画面のクイックアクセスツールバーに表示されている「🖫」をクリックすると、ファイルを上書き保存できます。

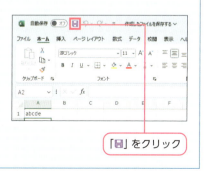

「🖫」をクリック

Section 04

練習用ファイル 04_文字の入力と編集.xlsx

文字の入力と編集

ひらがなや漢字、カタカナなどの日本語、アルファベット、数字、記号といった文字を入力して、表などを作成していきましょう。入力した文字は削除したり、再度入力したりと、後から編集することも可能です。

文字を入力する

ここではローマ字入力で日本語を入力する方法について説明します。日本語で入力する場合は「あ」(ひらがなモード)がWnidowsのタスクバーに表示されていることを確認します。入力方法の切り替えについては22ページを参照してください。

1 「あ」が表示されていることを確認

表計算画面上でセルを選択している位置に文字が入力されます。ここでは、「ごうけい」(GOUKEI)と入力します。

2 「ごうけい」(GOUKEI)と入力する

キーボードの 変換 を押して漢字に変換し、 Enter を押します。

3 変換 を押して漢字にする

4 Enter を押す

文字を編集する

修正したいセルをクリックして選択します。

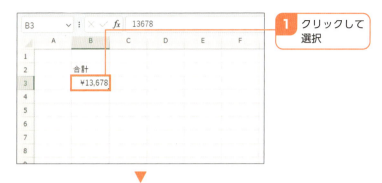

セルが選択された状態になったら、修正後の文字や数値を入力します。

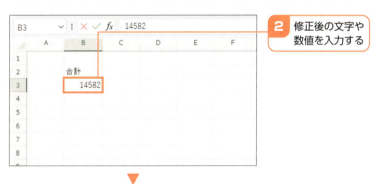

Enter を押して編集を確定します。

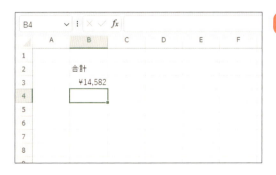

Section 05 入力モードの切り替え方

文字を入力する際は、入力したい内容によって、「ひらがな」「全角カタカナ」「全角英数字」「半角カタカナ」「半角英数字」といった**入力モード**の切り替えを活用しましょう。

入力モードを切り替える

Windowsのタスクバーで、現在選択されている入力モードの確認、モードの切り替えを行います。切り替える場合は、入力モードのアイコン（ここでは「あ」（ひらがなモード））をクリックします。

1 「あ」をクリック

入力モードが、ここでは「A」（半角英数字モード）に切り替わります。なお、キーボードの[半角/全角]を押すことでも入力モードを切り替えることができます。

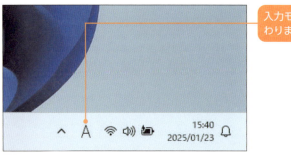

入力モードが切り替わります。

入力モードを選択する

他の入力モードに切り替える場合は、入力モードのアイコン（ここでは「あ」）を右クリックします。

1 「あ」を右クリック

メニューが表示されたら、任意の入力モードをクリックして選択します。

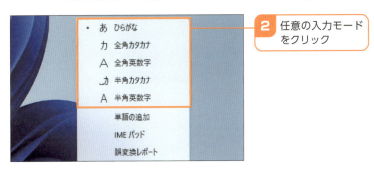

2 任意の入力モードをクリック

Hint 入力モードとは

入力モードとは、ひらがなや全角/半角カタカナ、全角/半角英数字を切り替えることができる機能です。入力モードの変更によって、同じキーを押した場合でも、入力される文字が変化します。

表示アイコン	入力モード	入力される文字	入力例
あ	ひらがな	ひらがな、漢字	どうぶつ、動物
カ	全角カタカナ	全角カタカナ	ライオン
A	全角英数字	全角アルファベット、数字、記号	Ａｎｉｍａｌ、１２３、！
ｶ	半角カタカナ	半角カタカナ	ﾗｲｵﾝ
A	半角英数字	半角アルファベット、数字、記号	Animal、123、！

Section 06 リボンからコマンドを選択する

練習用ファイル 06_リボンからコマンドを選択する.xlsx

任意のタブをクリックすると、画面上部にそれぞれの**リボン**が表示されます。リボンにはさまざまな**コマンド**が用意されており、クリックするだけで表の編集や装飾などができるようになっています。

リボンとは

リボンとは、タブをクリックしたときに表示されるツールバーのことです。文字入力に関するリボンを表示したいときは「ホーム」、テーブルや画像、グラフの挿入に関するリボンを表示したいときは「挿入」といったように、対応するタブをクリックして利用したいリボンを表示させましょう。リボンに表示されている項目（コマンド）をクリックすることで、対応する機能が実行されます。また、リボンは機能の種類ごとに「グループ」に分けられています。グループ名はリボンの下部分に表示されています。

ホーム

挿入

数式

リボンからコマンドを選択する

ここではリボンを使用して文字のサイズを変更する方法を紹介します。文字入力に関するタブである**ホーム**をクリックします。

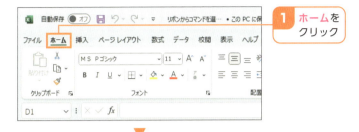

1 **ホーム**をクリック

ホームのリボンが表示されたら、**フォント**グループの「A˙」をクリックします。

2 「A˙」をクリック

「A˙」をクリックした分、文字サイズが大きくなります。

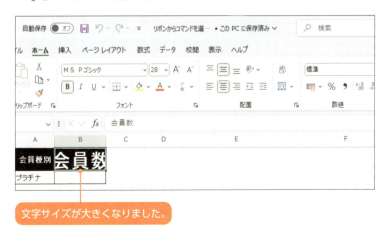

文字サイズが大きくなりました。

Section 07

練習用ファイル 07_便利なショートカットメニュー.xlsx

便利なショートカットメニュー

表などの作成中にセル上で右クリックをすると、ショートカットメニューが表示されます。文字の設定や切り取り、コピーなどの操作を一覧から選択できるので、リボンを操作する手順が省けるため、作業の効率化が可能になります。

ショートカットメニューを表示する

編集したいセルにマウスカーソルを合わせ、右クリックします。

1 編集したいセルにマウスカーソルを合わせ、右クリック

ショートカットメニューが表示されます。任意の項目をクリックすることで、対応する機能が実行されます。

2 任意の項目をクリックして選択

::: ショートカットメニューでできること

1 基本操作

❶ セルのフォントやサイズ、太字などの装飾、行の間隔や中央揃えといった段落の設定を行えます。

❷ ショートカットメニュー内の機能を検索できます。

❸ 文字を選択中の場合、切り取りやコピーが行えます。[貼り付けのオプション]の任意のアイコンをクリックすると、コピーしている内容を任意の形で貼り付けることができます。

❹ 検索ウィンドウが開き、その文字の定義や類義語などを調べることができます。

❺ セルの挿入や削除、セルに入力された内容を削除することができます。

❻ 表にフィルターをかけたり、並べ替えたりすることができます。

❼ セルにコメントやメモを注釈として挿入できます。

❽ セルの書式設定や、ドロップダウンの作成、フリガナの表示などを行うことができます。

❾ セルに URL などのリンクを貼り付けることができます。

27

Section 08 繰り返しとやり直し

練習用ファイル 08_繰り返しとやり直し.xlsx

エクセルでは、キーボードの F4 を押すだけで直前に行った操作を繰り返し実行することができます。同じ文字を入力したい、任意の文字に同じ装飾を施したいといった場合に活躍します。

操作を繰り返す

最初に繰り返したい操作を行います。ここでは、セルの色の設定を繰り返します。色の設定方法については68ページを参照してください。

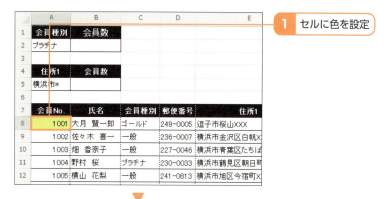

1 セルに色を設定

操作を繰り返したいセルをクリックして選択します。

2 セルをクリックして選択

キーボードの F4 を押すと、選択したセルに操作が繰り返されます。

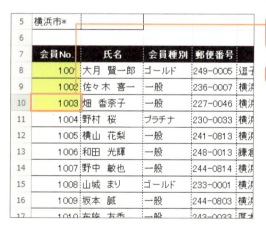

❸ F4 を押す

同様に、操作を繰り返したいセルをクリックして選択し、F4 を押します。

❹ セルをクリックして選択

❺ F4 を押す

Hint F4 を押しても反応しない場合

F4 を押しても繰り返すことができない場合は、Fn （ファンクションキー）も同時に押してみてください。ノートパソコンの場合はこの Fn が必要なことが多いので注意しましょう。

操作を元に戻す

誤字を入力してしまった、誤った装飾を施してしまったといった場面では「元に戻す」が便利です。クイックアクセスツールバーに表示されている「⤺」をクリックします。

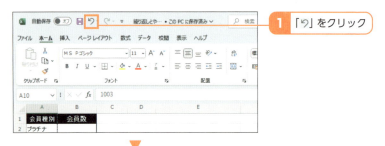

直前に行った操作（ここではセルの色の設定）が取り消され、元に戻ります。

なお、「⤺」の「⌄」をクリックすると、直前に行った操作を最大20までさかのぼることができます。任意の操作をクリックすると、その操作まで元に戻ります。

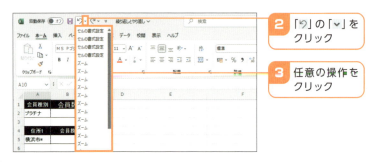

操作をやり直す

操作を元に戻すと、クイックアクセスツールバーに「♂」(やり直す)が表示されます。「♂」をクリックします。

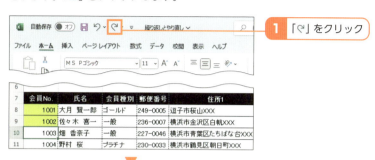

1 「♂」をクリック

元に戻す前の状態に戻ります。「♂」をクリックした分、繰り返してやり直すことができます。

元に戻す前の状態に戻ります。

> **Hint ショートカットキーを利用する**
>
> 「元に戻す」と「やり直す」の操作は、ショートカットキーで行うことも可能です。元に戻す場合は Ctrl + Z を、やり直す場合は Ctrl + Y を押しましょう。

Section 09

文字のコピーと貼り付け

練習用ファイル 09_文字のコピーと貼り付け.xlsx

同じセルのデータをさまざまな箇所で繰り返し使いたい場合は、**コピー**と**貼り付け**を活用しましょう。一度コピーした文字は、再度コピーしない限り、何度でも繰り返して貼り付けることができます。

文字をコピーする

コピーしたいセル（ここでは**B8**）をクリックして選択します。

1 コピーしたいセルをクリックして選択

セルが選択された状態になります。

セルが選択されます。

ホームタブの**クリップボード**グループの「📋」をクリックすると、選択した文字をコピーした状態になります。

2「📋」をクリック

文字を貼り付ける

セルをコピーした状態で、文字を貼り付けたいセルをクリックして選択しておきます。

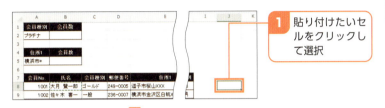

1 貼り付けたいセルをクリックして選択

ホームタブの**クリップボード**グループの**貼り付け**をクリックします。

2 **貼り付け**をクリック

貼り付けのオプションが表示されます。「」(元の書式を保持)をクリックすると、コピーされた文字が貼り付けられます。

3 「」をクリック

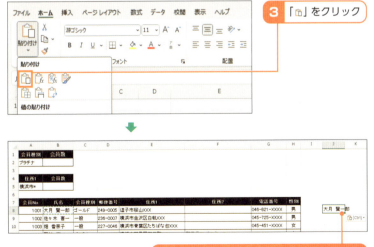

コピーされたセルの内容が貼り付けられます。

Section **10** 画面を拡大/縮小して表示する

練習用ファイル　10_画面を拡大縮小して表示する.xlsx

表の文字や数値が見えにくいときやブックの全体を確認したいときなどは、表計算画面を**拡大/縮小**して見え方の調整を行いましょう。表示倍率は10パーセントから500パーセントまで設定できます。

画面を拡大する

画面を拡大したい場合は、表計算画面の右下の「+」をクリックします。

1 「+」をクリック

画面が10パーセント拡大されます。クリックする回数が多いほど、画面の拡大率が上がります。

画面が10パーセント拡大されます。

「─」を右方向にドラッグすることでも、画面を拡大できます。

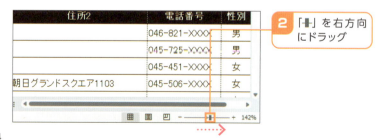

2 「─」を右方向にドラッグ

34

画面を縮小する

画面を縮小したい場合は、表計算画面の右下の「ー」をクリックします。

1 「ー」をクリック

画面が10パーセント縮小されます。クリックする回数が多いほど、画面の縮小率が上がります。

画面が10パーセント縮小されます。

「｜」を左方向にドラッグすることでも、画面を縮小できます。

2 「｜」を左方向にドラッグ

Hint マウスで画面を拡大/縮小する

マウスで画面の拡大/縮小が行えます。キーボードの[Ctrl]を押しながらマウスのホイールを上に回すと拡大され、[Ctrl]を押しながらマウスのホイールを下に回すと縮小されます。

Section 11

練習用ファイル 11_ファイルを印刷する.xlsx

ファイルを印刷する

表などの作成を終えたら、プリンターを使ってファイルを紙に印刷しましょう。印刷する際には、印刷の向きや紙のサイズ、印刷範囲といった設定の確認や変更を行えます。

印刷の向きを設定する

ファイルをクリックします。

1 ファイルをクリック

表示された画面で、印刷をクリックします。

2 印刷をクリック

印刷メニューが表示されます。印刷の向きを変更する場合は、縦方向（または横方向）から任意の印刷の向きをクリックして選択します。

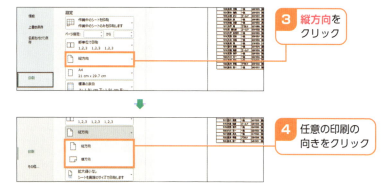

3 縦方向をクリック

4 任意の印刷の向きをクリック

印刷のサイズを設定する

印刷メニューを表示し、印刷サイズ（ここでは A4）をクリックします。

1 A4をクリック

印刷のサイズが一覧表示されます。任意のサイズをクリックすることで、印刷サイズを変更できます。詳細に設定したい場合は、その他の用紙サイズをクリックします。

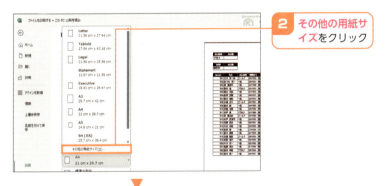

2 その他の用紙サイズをクリック

ページ設定ダイアログが表示され、印刷サイズの詳細設定を行えます。

印刷サイズの詳細な設定が行えます。

印刷の余白を設定する

印刷メニューを表示し、**余白**(ここでは**標準の余白**)をクリックします。

1 標準の余白をクリック

余白が一覧表示され、任意の余白をクリックすることで変更できます。詳細に設定したい場合は、**ユーザー設定の余白**をクリックします。

2 ユーザー設定の余白をクリック

ページ設定ダイアログが表示され、余白の詳細設定を行えます。

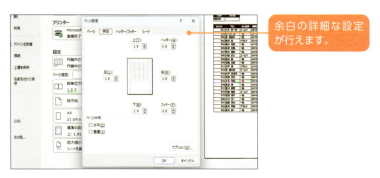

余白の詳細な設定が行えます。

印刷範囲を設定する

印刷メニューを表示し、**印刷範囲**（ここでは**作業中のシートを印刷**）をクリックします。

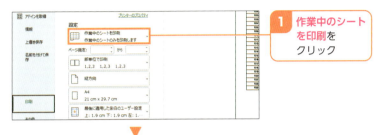

印刷範囲が一覧表示され、任意の印刷範囲をクリックすることで変更できます。

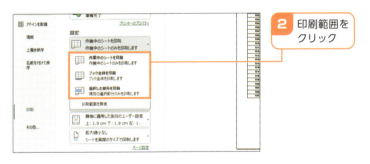

Hint 印刷したいページ数を入力して設定する

ページ指定に印刷したいページ数を入力すると、任意のページだけを印刷できます。

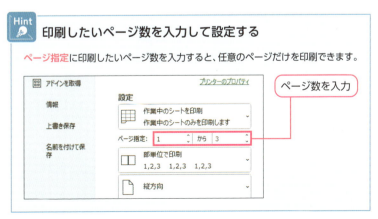

ファイルを印刷する

ファイルをクリックします。

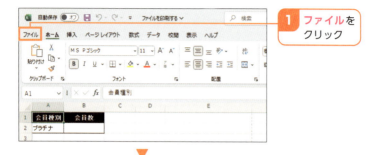

表示された画面で、印刷をクリックします。

印刷メニューが表示されたら、プリンター（ここではMicrosoft Print to PDF）をクリックします。

任意のプリンターをクリックして選択します。プリンターを追加したい場合は、**プリンターの追加**をクリックします。

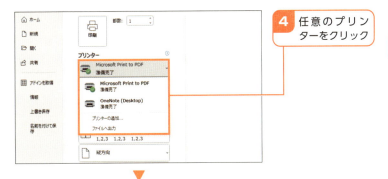

印刷部数を変更したい場合は、**部数**に数字を入力します。

設定が完了したら、**印刷**をクリックします。プリンターが起動して印刷が開始されます。

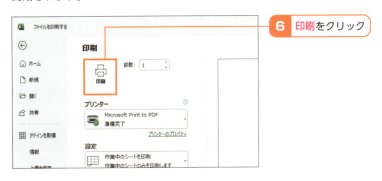

Section 12

練習用ファイル　12_PDFとして出力する.xlsx

PDFとして出力する

エクセルで作成した表やグラフは PDF として出力することも可能です。PDFはブックを保存するファイル形式の1つで、パソコンやスマートフォンなど、環境が違っても同じように表示できるというメリットがあります。

PDFとして出力する

ファイルをクリックします。

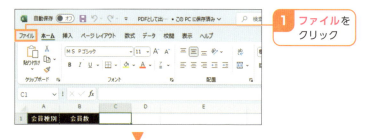

表示された画面で、その他からエクスポートをクリックします。

エクスポートメニューが表示されます。PDF/XPSドキュメントの作成をクリックします。

PDF/XPSの作成をクリックします。

ここでは「ドキュメント」フォルダーに保存します。**ドキュメント**をクリックしてフォルダーを指定し、**ファイル名**を入力します。

発行をクリックすると、指定した「ドキュメント」フォルダーにPDFファイルが保存されます。

Section 13 ヘルプで調べる

練習用ファイル　13_ヘルプで調べる.xlsx

エクセルで表やグラフを作成しているときにわからないことがあったら、**ヘルプ**で質問してみましょう。ヘルプでは基本機能の解説や新機能の紹介などを確認することができます。

ヘルプとは

「どのようにグラフの作成を開始すればよいかわからない」「セルの挿入方法がわからない」といった、エクセルの操作に関する疑問が生まれたときはヘルプを活用してみましょう。ヘルプで検索することで、操作の手順を動画や文章、画像で確認することができます。
また、ヘルプを利用する場合は、使用しているパソコンがインターネットに接続されている必要があります。

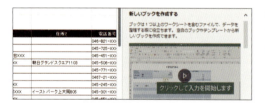

検索したい内容を入力することで、動画や文章、画像で操作手順を確認できます。

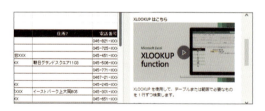

エクセルの関数についても動画や文章で確認できます。

よく**検索**される**内容**が「おすすめのヘルプ」としてリストアップされています。

44

ヘルプで調べる

ヘルプをクリックします。

1 ヘルプをクリック

ヘルプグループのヘルプをクリックします。

2 ヘルプをクリック

ヘルプメニューが表示されたら、検索欄に検索したい内容を入力し、Enterを押します。

3 検索したい内容を入力

4 Enterを押す

検索結果が表示されます。任意の結果をクリックすると、操作の手順などを確認できます。

5 任意の結果をクリック

Section

14

練習用ファイル 14_オプション画面を利用する.xlsx

オプション画面を利用する

文字や数値を入力する際のルールや表計算画面の表示形式、印刷の基本設定など、エクセルの基本機能全般に関わる設定は**オプション画面**から確認や変更ができます。

▦ オプション画面とは

「Microsoft Office のユーザー設定を変更したい」「表計算画面の数式の処理方法を変更したい」「ファイルの標準保存形式を変えたい」といったエクセルの基本機能に関わる設定は、オプション画面から変更しましょう。リボンの項目の表示／非表示の切り替えもできるため、自分好みにエクセルをカスタマイズしたいときにおすすめです。

また、オプション画面上の各項目にマウスカーソルを合わせると、その項目の説明が表示されます。項目名だけでは設定内容がわからない場合は確認しましょう。

オプション画面を利用する

ここでは、エクセルを起動した際に、ホーム画面ではなく白紙の表計算画面が表示されるように設定を変更します。**ファイル**をクリックします。

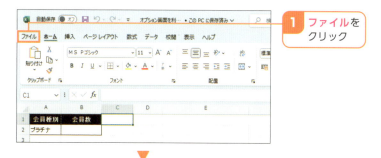

表示された画面で、**その他**をクリックします。

オプションをクリックします。

設定したい項目をクリックしてオンとオフを切り替えたり、文字や数字を入力したりすることで、設定を変更できます。ここでは、**このアプリケーションの起動時にスタート画面を表示する**の「☑」をクリックします。

このアプリケーションの起動時にスタート画面を表示するがオフになります。OKをクリックすると、変更した設定が保存されます。

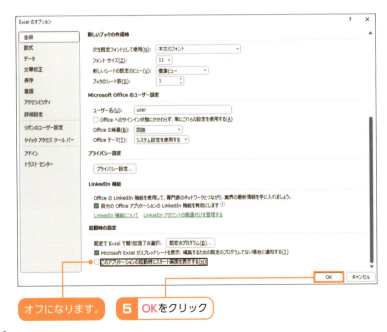

第 **2** 章

表の作成

練習用ファイル 15_シートを追加する.xlsx

Section
15 シートを追加する

エクセルのブックでは、**シートを追加**することで複数の表を1つのファイルで作成/管理することが可能です。シートには名前を付けることができ、シート名が表示されたタブをクリックして切り替えます。

シートを追加する

表計算画面を表示します。

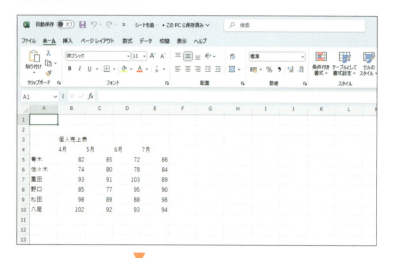

画面下部の「＋」をクリックします。

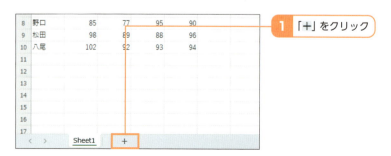

1 「＋」をクリック

50

シートが追加されます。

切り替えたいシートのタブをクリックすることで、シートを切り替えることができます。

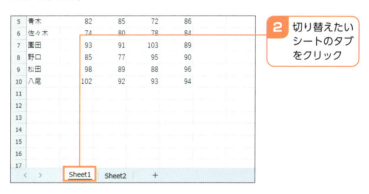

2 切り替えたいシートのタブをクリック

Hint シートに名前を付ける

シートのタブを右クリックして、**名前の変更**をクリックすると、シートの名前を変更することができます。

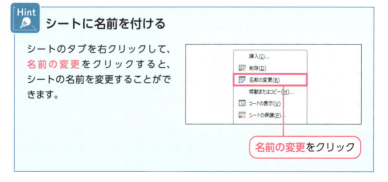

名前の変更をクリック

Section 16 表の範囲のセルを選択する

練習用ファイル　16_表の範囲のセルを選択する.xlsx

エクセルの表の作成や編集を行う場合は、まずセルを選択することから始めましょう。セルの選択は、マウスのクリックやドラッグ操作の他、キーボード操作でも行うことができます。

ドラッグで選択する

選択したいセル（ここでは**A4**）をクリックすると、セルが選択されます。

セルが選択された状態でドラッグすると、複数のセルを同時に選択することができます。

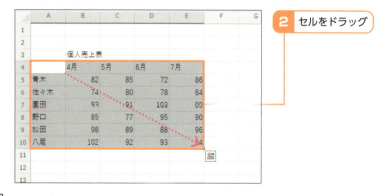

キーボードで選択する

選択したいセル（ここでは**B4**）をクリックすると、セルが選択されます。

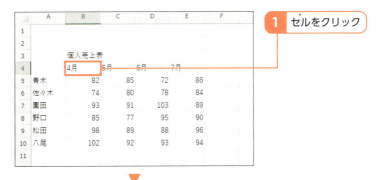

1 セルをクリック

キーボードの Shift を押しながら → などのカーソルキーを押すと、その方向に向かって複数のセルの選択を行うことができます。カーソルキーを何度も押すと、その分だけのセルを選択できます。

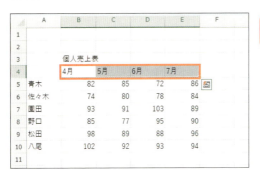

2 Shift を押しながら → を押す

Hint 離れたセルを同時に選択する

セル❶をクリックして選択した状態で、キーボードの Ctrl を押しながらセル❷をクリックすると、離れた位置にある複数のセルを同時に選択することができます。

Section 17

表の周囲を罫線で囲む

練習用ファイル　17_表の周囲を罫線で囲む.xlsx

表を作成する場合、セルの周りを罫線で囲むと見栄えよくすることができます。ここでは、表内のセルを格子状の罫線で囲む方法を解説します。

罫線で囲む

罫線で囲みたいセルをクリックして選択します。複数のセルに設定したい場合はドラッグで選択します。

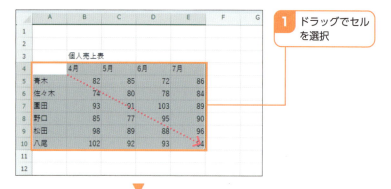

1 ドラッグでセルを選択

▼

ホームタブのフォントグループの「田」の「∨」をクリックします。

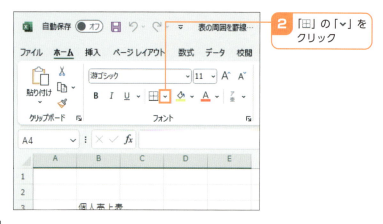

2 「田」の「∨」をクリック

囲みたい罫線（ここでは格子）をクリックします。

セルが罫線で囲まれます。

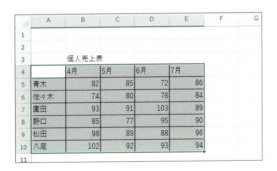

> **Hint 続けて罫線で囲む場合**
>
> 罫線のアイコンは、最後に選択した罫線に合わせて変化します。次回はそこをクリックすれば、同じ罫線で囲むことができます。
>
>

Section 18

罫線の太さや色などを変更する

練習用ファイル　18_罫線の太さや色などを変更する.xlsx

設定した罫線は、**太さ**や**色**、**線のスタイル**を変更することができます。表の外側の線を太くなどすれば、見やすい表になります。また、無駄な罫線を**削除**する方法も解説します。

罫線の太さを変える

太さを変えたい罫線が設定されているセルをクリックして選択し、**ホーム**タブの**フォント**グループの「⊞」の「˅」をクリックします。

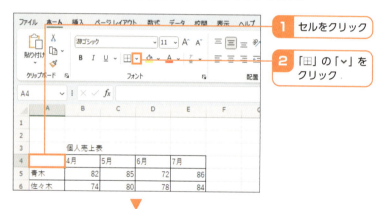

太い外枠をクリックすると、罫線が太くなります。

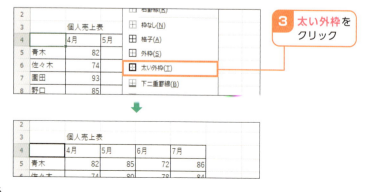

罫線の色を変える

ホームタブの**フォント**グループの「⊞」の「⌄」をクリックします。

1 「⊞」の「⌄」をクリック

線の色をクリックします。

2 **線の色**をクリック

設定したい色をクリックします。変更後にキーボードの Esc を押すと、色の変更モードが終了します。

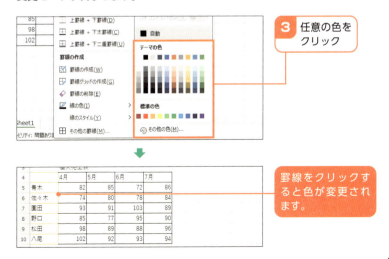

3 任意の色をクリック

罫線をクリックすると色が変更されます。

罫線のスタイルを変える

ホームタブの**フォント**グループの「田」の「∨」をクリックします。

1 「田」の「∨」をクリック

線のスタイルをクリックします。

2 **線のスタイル**をクリック

設定したいスタイルをクリックし、罫線をクリックすると罫線のスタイルが変更されます。変更後にキーボードの Esc を押すと、スタイルの変更モードが終了します。

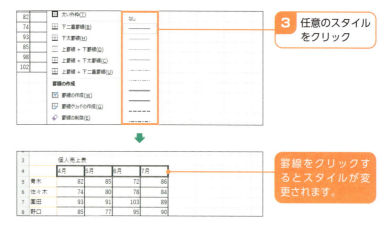

3 任意のスタイルをクリック

罫線をクリックするとスタイルが変更されます。

罫線を削除する

ホームタブの**フォント**グループの「田」の「〜」をクリックします。

1. 「田」の「〜」をクリック

罫線の削除をクリックし、罫線をクリックすると罫線が削除されます。削除後にキーボードの[Esc]を押すと、削除モードが終了します。

2. 罫線の削除をクリック

罫線をクリックすると削除されます。

> **Hint** 設定した色やスタイルは引き継がれる
>
> 罫線に設定した色やスタイルは、次に罫線を作る際にその設定が引き継がれ、そのまま利用することができます。設定を変更したい場合は、56〜58ページを参考に再度設定しましょう。

Section 19

練習用ファイル 19_表の大きさを変更する.xlsx

表の大きさを変更する

文字数などの関係で、表の幅が足りない、あるいは隙間が空いているといった場合、**行や列の幅**を変更して調節しましょう。調節方法には、ドラッグもしくはダブルクリックでの操作があります。

表の横幅を変更する

表の幅を変更したい列のあるアルファベットの間にマウスカーソルを移動します。

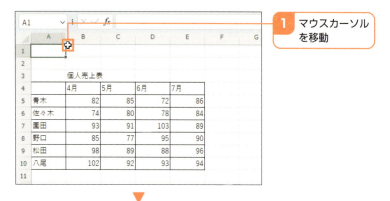

1 マウスカーソルを移動

マウスカーソルが「╋」に変更されます。

2 「╋」に変わる

「┿」の状態で左右にドラッグし、幅を調節します。

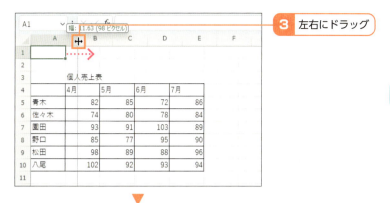

3 左右にドラッグ

▼

表の横幅が変更されます。

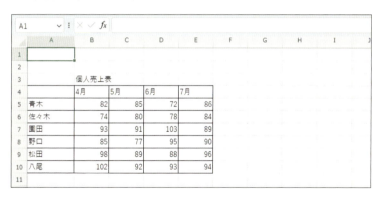

Hint ダブルクリックで横幅を変更する

マウスカーソルが「┿」の状態でダブルクリックすると、その列に入力された文字に応じて自動的に横幅が調節されます。

ダブルクリック

表の縦幅を変更する

表の幅を変更したい行のある数字の間にマウスカーソルを移動します。

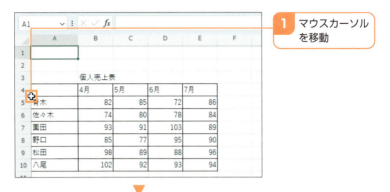

1 マウスカーソルを移動

マウスカーソルが「✥」に変更されます。

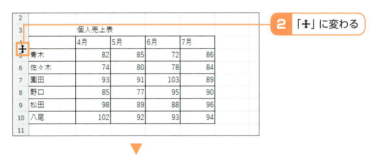

2 「✥」に変わる

「✥」の状態で上下にドラッグし、幅を調節します。

3 上下にドラッグ

表の縦幅が変更されます。

Hint 数値で幅を設定する

行のアルファベットや列の数字を右クリックして表示されるメニューから、**列の幅**や**行の高さ**をクリックすることで、数値を指定して横幅や縦幅を設定できます。

Hint セルの文字や数字が「##」で表示される

セルの文字や数字が「##」で表示されるのは、そのセル幅以上の文字数を入力しているためです。セルの幅を変更して、正しく表示されるように調節しましょう。

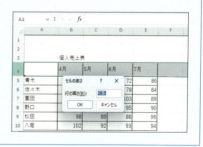

Section 20

行や列を追加 / 削除する

練習用ファイル 20_行や列を追加削除する.xlsx

表の途中に行や列を追加したい場合があります。その場合は、いちいち表を作り直さなくても、簡単に行や列を追加することができます。また、不要になった行や列を削除することもできます。

行を追加する

行を追加したい位置で、行の数字を右クリックします。

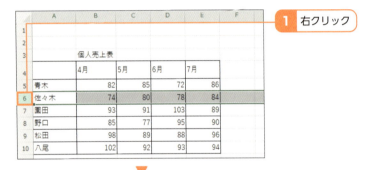

表示されるメニューから、挿入をクリックします。

行が追加されます。

2					
3		個人売上表			
4		4月	5月	6月	7月
5	青木	82	85	72	86
6					
7	佐々木	74	80	78	84
8	園田	93	91	103	89
9	野口	85	77	95	90

行を削除する

削除したい行の数字を右クリックします。

1 右クリック

表示されるメニューから、削除をクリックします。

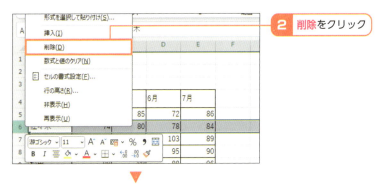

2 削除をクリック

行が削除されます。

4		4月	5月	6月	7月
5	青木	82	85	72	86
6	園田	93	91	103	89
7	野口	85	77	95	90

列を追加する

列を追加したい位置で、列のアルファベットを右クリックします。

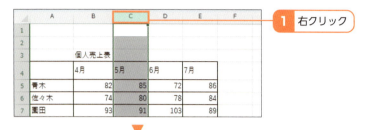

表示されるメニューから、**挿入**をクリックします。

列が追加されます。

列を削除する

削除したい列のアルファベットを右クリックします。

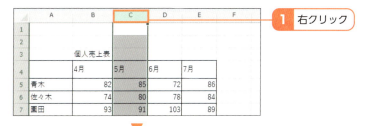

1 右クリック

表示されるメニューから、**削除**をクリックします。

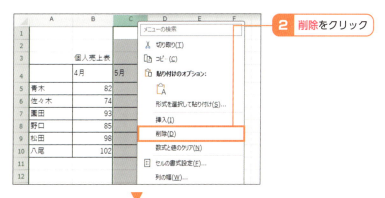

2 **削除**をクリック

列が削除されます。

Section 21 表に色を付ける

練習用ファイル 21_表に色を付ける.xlsx

売上の合計などのように強調したいセルがある場合、セルに色を付けるといちばん大事な部分をわかりやすく表示させることができます。色を設定すると、セル全体が塗りつぶされます。

表に色を付ける

色を付けたいセルをクリックして選択します。

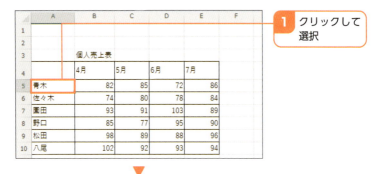

1 クリックして選択

▼

ホームタブのフォントグループの「◇」の「∨」をクリックします。

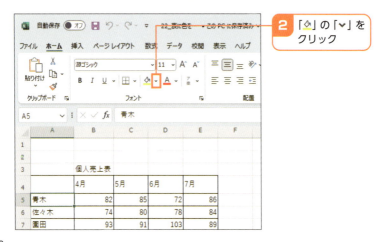

2 「◇」の「∨」をクリック

設定したい色をクリックします。

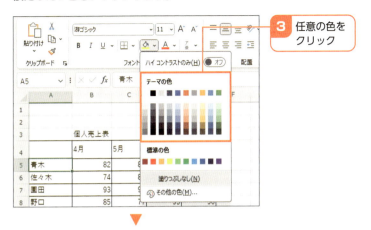

3 任意の色をクリック

セルに色が付きます。

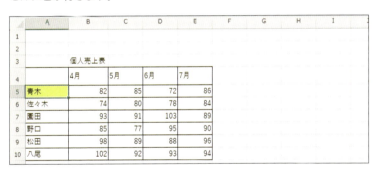

Hint 表の色を元に戻す

色を付けたセルを元に戻したい場合は、元に戻したいセルを選択してから、**ホーム**タブの**フォント**グループの「◇」の「v」をクリックして、**塗りつぶしなし**をクリックします。

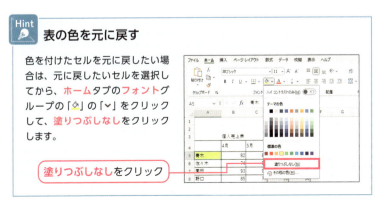

塗りつぶしなしをクリック

Section 22

隣り合ったセルを結合する

練習用ファイル　22_隣り合ったセルを結合する.xlsx

表を作成していくうちに、表の見出しや合計など、セルを結合して1つにした方が見栄えがよくなる場合があります。隣り合った複数のセルは自由に結合することができます。

セルを結合する

結合したい隣り合ったセルをドラッグして同時に選択します。

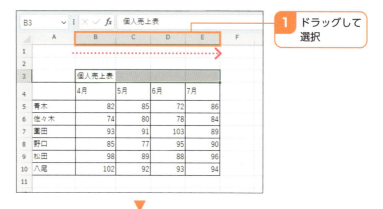

ホームタブの配置グループの「🔲」の「∨」をクリックして、セルを結合して中央揃えをクリックします。

セルが結合され、文字や数字が中央揃えになります。

	A	B	C	D	E
1					
2					
3			個人売上表		
4		4月	5月	6月	7月
5	青木	82	85	72	86
6	佐々木	74	80	78	84
7	園田	93	91	103	89
8	野口	85	77	95	90
9	松田	98	89	88	96
10	八尾	102	92	93	94

Hint 中央揃えにしたくない場合

セルを結合した際に、中の文字を中央揃えにしたくない場合があります。そのような場合は、**ホーム**タブの**配置**グループの [📐] の「⌄」をクリックし、**セルの結合**をクリックします。そうすれば、中央揃えされずにセルが結合されます。

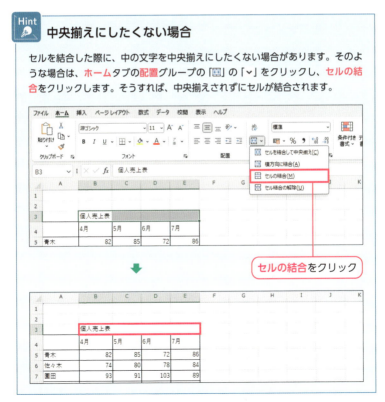

結合を解除する

結合されているセルをクリックして選択します。

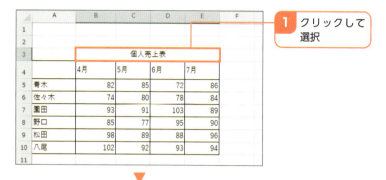

1 クリックして選択

ホームタブの配置グループの「🖽」の「⌄」をクリックします。

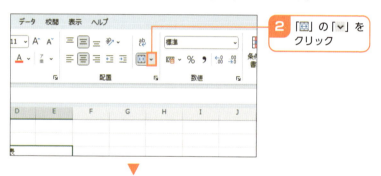

2 「🖽」の「⌄」をクリック

セル結合の解除をクリックします。

3 セル結合の解除をクリック

第 **3** 章

文字の設定

Section 23 データの形式を変更する

練習用ファイル　23_データの形式を変更する.xlsx

通常、エクセルのセルに数値を入力した場合、そのままの状態で表示されます。この表示を日付や通貨（金額）、時刻、パーセンテージなどの**形式**に自動で変更する機能があります。

日付を設定する

セルをクリックして選択します。**ホーム**タブの**数値**グループの**数値の書式**の「∨」をクリックしてメニューを表示し、**短い日付形式**または**長い日付形式**をクリックします。

1. セルをクリック
2. **標準**の「∨」をクリック
3. **短い日付形式**または**長い日付形式**をクリック

▼

セルに「2025/4/15」のように入力すると、自動で日付形式に変更されます。

金額を設定する

セルをクリックして選択します。

ホームタブの数値グループの「🖩」をクリックします。

セルに「35862」のように入力すると、自動で金額形式に変更されます。

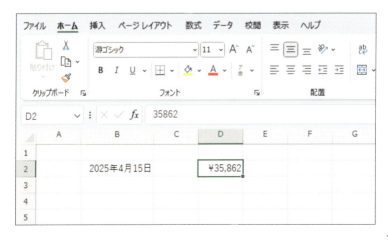

データの形式を変更する

日付や通貨以外にも、自由にセルのデータの形式を変更する方法を紹介します。セルをクリックして選択します。

1 セルをクリック

ホームタブの**数値**グループの**数値の書式**の「∨」をクリックします。

2 **数値の書式**の「∨」をクリック

その他の表示形式をクリックします。

3 **その他の表示形式**をクリック

セルの書式設定ダイアログが表示されるので、設定したいデータの表示形式を選択します。ここでは、時刻をクリックします。

4 時刻をクリック

設定したい種類を選択します。ここでは、1:30 PMをクリックして、OKをクリックします。

5 1:30 PMをクリック

6 OKをクリック

セルに「21:30:00」のように入力すると、自動で時刻形式に変更されます。

Section 24 文字の大きさを変更する

練習用ファイル 24_文字の大きさを変更する.xlsx

セルに入力した文字や数値は、**大きさ**（フォントサイズ）を変更することができます。表の見出しなどは大きくし、それ以外の数値は小さめに設定するなど自由に調整して、見やすい表を作成しましょう。

アイコンから文字の大きさを変更する

文字の大きさを変更したいセルをクリックして選択します。

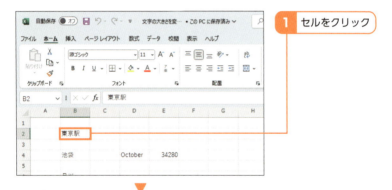

▼

ホームタブの**フォント**グループの「Aˆ」または「Aˇ」をクリックします。「Aˆ」をクリックすると文字が大きくなり、「Aˇ」をクリックすると文字が小さくなります。

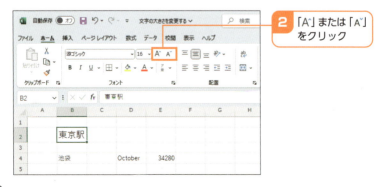

数値を設定して文字の大きさを変更する

文字の大きさを変更したいセルをクリックして選択します。

ホームタブのフォントグループのフォントサイズの数字をクリックして、文字の大きさを数値で入力し、Enterを押すと数値に対応した大きさに調整されます。

Hint 数値を選択して変更する

ホームタブのフォントグループのフォントサイズの「∨」をクリックすると、文字の大きさを変更できるドロップダウン（プルダウン）が表示されます。ここから数値を選択してクリックすることでも、文字の大きさを変更できます。

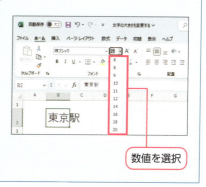

Section 25

文字の種類を変更する

エクセルで使える文字の**フォント**はデフォルトでは「游ゴシック」に設定されています。明朝やゴシックなど、フォントにはさまざまな種類があり、自由に変更することができます。

文字の種類を変更する

フォントを変更したいセルをクリックして選択します。

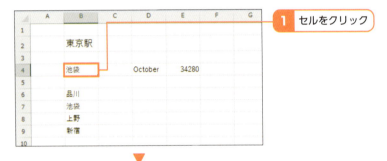

1 セルをクリック

▼

ホームタブの**フォント**グループの**フォント**の「∨」をクリックします。

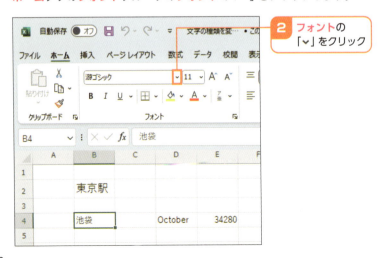

2 **フォント**の「∨」をクリック

変更したいフォントを選択してクリックします。

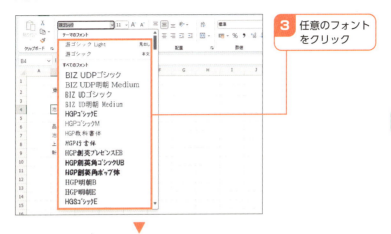

3 任意のフォントをクリック

セルのフォントが変更されます。

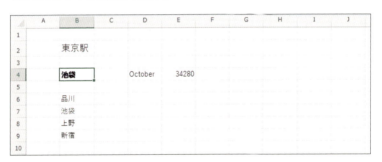

Hint どのフォントを使うのがよい？

さまざまなフォントが収録されているエクセルですが、かなりの量があるのでどのフォントに設定するべきか迷ってしまうことがあります。数値やアルファベットの場合は、「Arial」などがおすすめです。文字の場合は、「游ゴシック」「游明朝」などがベターでしょう。

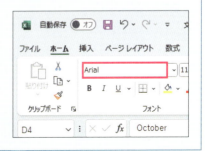

3 文字の設定

81

Section 26 文字に飾りを付ける

練習用ファイル　26_文字に飾りを付ける.xlsx

セルの文字や数値は装飾を施すことができます。装飾の種類にはさまざまなものがありますが、ここではベーシックな**太字**、*斜体*、下線、文字色の設定を紹介します。

文字を太字にする

太字にしたいセルをクリックして選択します。

ホームタブのフォントグループの「**B**」をクリックすると、太字に設定されます。設定を解除したい場合は、再度「**B**」をクリックします。

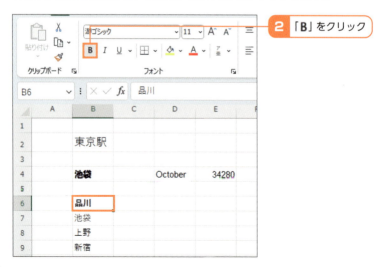

文字を斜体にする

斜体にしたいセルをクリックして選択します。

1 セルをクリック

ホームタブのフォントグループの「I」をクリックします。

2 「I」をクリック

斜体が設定されます。設定を解除したい場合は、再度「I」をクリックします。

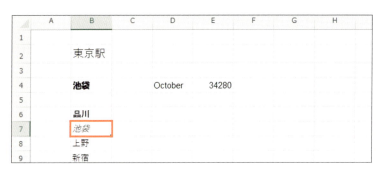

> **Hint 文字の飾りを解除する**
>
> 飾りが付いた文字を選択し、ホームタブのフォントグループの設定された飾りと同じアイコンをクリックすることで、文字の飾りを解除することができます。

文字に下線を付ける

下線を付けたいセルをクリックして選択します。

ホームタブのフォントグループの「U」をクリックします。

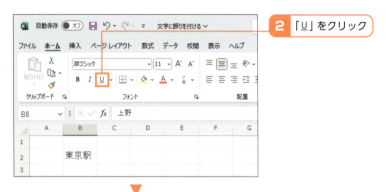

文字に下線が設定されます。設定を解除したい場合は、再度「U」をクリックします。

文字の色を変更する

文字に色を付けたいセルをクリックして選択します。

ホームタブのフォントグループの「A」の「∨」をクリックします。

設定したい色を選択してクリックすると、文字の色が変更されます。

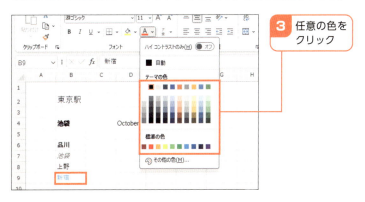

Section 27

練習用ファイル 27_文字を折り返して表示する.xlsx

文字を折り返して表示する

セルに入力した文字量が多い場合、セルの幅を調節してすべて表示する方法もありますが、表のレイアウトが崩れてしまう可能性があります。そのような場合は、セル内で**折り返して表示**するとよいでしょう。

文字を折り返して表示する

文字を折り返して表示したいセルをクリックして選択します。

1 セルをクリック

▼

ホームタブの**配置**グループの「🔃」をクリックします。

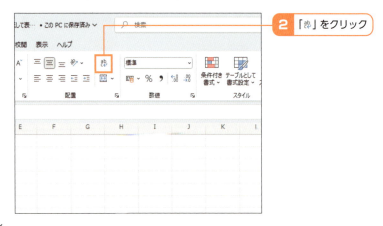

2 「🔃」をクリック

セル内で文字が折り返して表示されます。

折り返し位置を変更したい場合は、セルの幅をドラッグ操作で調整しましょう。

折り返し表示を解除する場合は、再度「折」をクリックします。

Section 28

文字を縮小して表示する

練習用ファイル 28_文字を縮小して表示する.xlsx

文字を折り返して表示した場合、表の縦幅が変更されてしまう可能性があります。横幅も縦幅もそのままに長い文字をセル内に収めたい場合は、文字を**縮小して表示**しましょう。

文字を縮小して表示する

文字を縮小して表示したいセルをクリックして選択します。

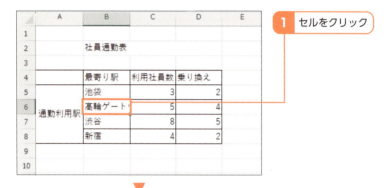

1 セルをクリック

▼

ホームタブの**数値**グループの「🔽」をクリックします。

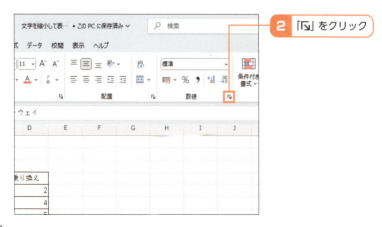

2 「🔽」をクリック

セルの書式設定ダイアログが表示されるので、**配置**をクリックします。

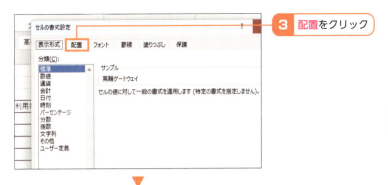

縮小して全体を表示するをクリックしてチェックを入れて、**OK**をクリックします。

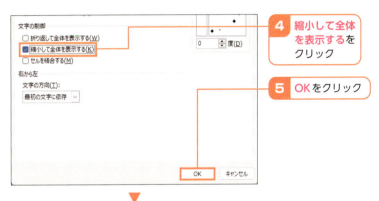

セル内で文字が縮小されて表示されます。

Section 29

練習用ファイル　29_文字の配置を設定する.xlsx

文字の配置を設定する

通常、セルに文字を入力した場合は左揃えに、数値を入力した場合は右揃えに入力されます。この配置は、左と右の他に中央揃えにすることができます。また、上下中央の配置も変更することができます。

文字の配置を設定する

文字の配置を変更したいセルをクリックして選択します。ここでは、中央揃えに変更します。

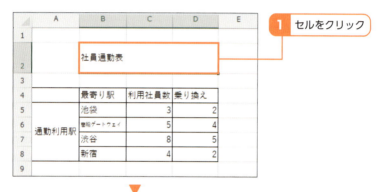

ホームタブの配置グループの「≡」をクリックします。

配置が中央揃えになります。

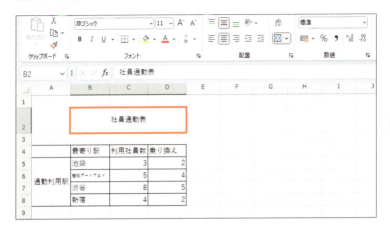

Hint 左揃えや右揃えにしたい場合

配置を左揃えにしたい場合は「≡」を、右揃えにしたい場合は「≡」をクリックしましょう。

Hint 上下中央の配置を設定する

左右の他に上下の配置を変更することもできます。ホームタブの配置グループから変更します。上揃えにしたい場合は「≡」を、下揃えにしたい場合は「≡」を、中央揃えにしたい場合は「≡」をそれぞれクリックします。

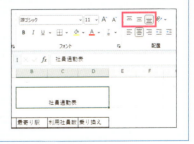

Section 30

練習用ファイル 30_文字の向きを設定する.xlsx

文字の向きを設定する

セルに文字や数値を入力すると、**横書き**で表示されます。もちろんこのまま利用することが多いのですが、場合によっては**縦書き**を使うこともあるでしょう。その場合の設定方法を紹介します。

文字の向きを設定する

横書きの文字を縦書きに変更しましょう。文字の向きを変更したいセルをクリックして選択します。

▼

ホームタブの**配置**グループの「」をクリックします。

縦書きをクリックします。

文字が縦書きに変更されます。

Hint 横書きに戻したい場合

元の横書きに戻したい場合は、再度同じ操作で縦書きをクリックしましょう。

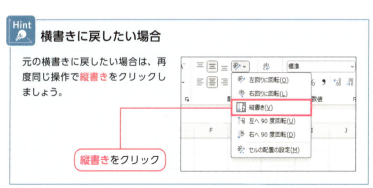

練習用ファイル　31_文字にフリガナを付ける.xlsx

Section 31

文字にフリガナを付ける

難しい漢字や、通常読みをしない名前の社員など、読み方がわかりづらい文字がある場合は、**フリガナ**を付けるとよいでしょう。フリガナは設定後に編集することもできます。

文字にフリガナを付ける

フリガナを付けたい文字のあるセルをクリックして選択します。

1 セルをクリック

ホームタブの**フォント**グループの「 ア亜 」をクリックすると、フリガナが表示されます。

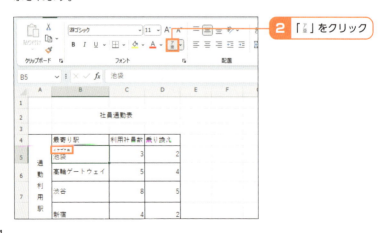

2 「 ア亜 」をクリック

フリガナを編集する

フリガナを編集したい文字のあるセルをクリックして選択します。

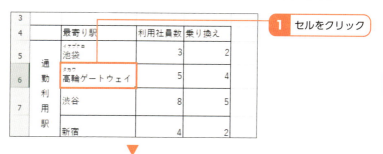

ホームタブのフォントグループの「ア亜」の「∨」からふりがなの編集をクリックします。

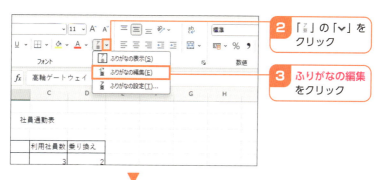

フリガナを入力しなおして、Enter を押すとフリガナが編集されます。なお、フリガナが表示されたセルを選択して「ア亜」をクリックすると、フリガナが非表示になります。

Section 32 セルに条件付き書式を設定する

セルに特定の条件を満たす文字や数値を入力すると、書式が自動的に変更されるように**条件付き書式**の設定を行いましょう。例として、テストの点数が75点以上の場合にセルが赤く表示されるように設定してみます。

条件付き書式を設定する

条件付き書式を設定したいセルを選択します。今回は複数のセルに設定するのでドラッグして選択します。

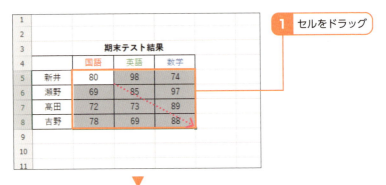

ホームタブの**スタイル**グループの**条件付き書式**をクリックします。

セルの強調表示ルールをクリックします。

指定の値より大きいをクリックします。

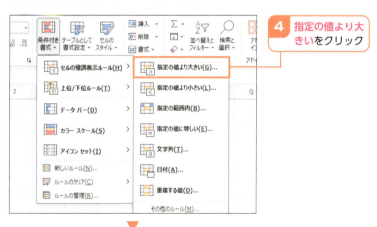

まずは数値を指定します。左の欄に「**75**」と入力します。

書式の「∨」をクリックして、書式を選択します。ここでは、**明るい赤の背景**をクリックします。

6 書式の「∨」をクリック

7 明るい赤の背景をクリック

OKをクリックします。

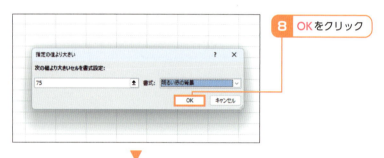

8 OKをクリック

75点以上のセルが赤く表示されます。

第 **4** 章

データの整理

Section 33

練習用ファイル 33_入力したデータを修正する.xlsx

入力したデータを修正する

セルに文字や数値を入力し、確定後にデータを修正したいといった場合、後から編集することが可能です。セルの編集はダブルクリックかキーボードの F2 から行うことができます。

ダブルクリックでデータを修正する

データを修正したいセルをダブルクリックし、入力できる状態にします。

1 セルをダブルクリック

データを入力しなおし、 Enter で確定します。

2 データを入力

3 Enter を押す

F2 でデータを修正する

データを修正したいセルをクリックして選択します。

キーボードの F2 を押すと、入力できる状態になります。

データを入力しなおし、Enter で確定します。

Section 34

練習用ファイル 34_データを移動する.xlsx

データを移動する

セルのコピーについては、32ページで学習をしました。ではコピーではなく、そのまま**移動**させる場合はどうするのでしょうか。コピーして貼り付けをし、元のデータを削除では手間がかかりますね。もっと便利な方法があります。

データを切り取って移動する

移動したいセルをクリックして選択し、**ホーム**タブの**クリップボード**グループの「✂」をクリックします。

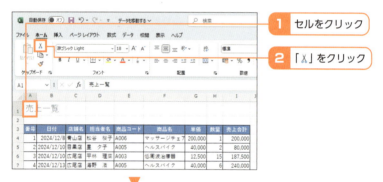

移動先のセルをクリックして選択し、**ホーム**タブの**クリップボード**グループの「📋」をクリックすると、データが移動できます。

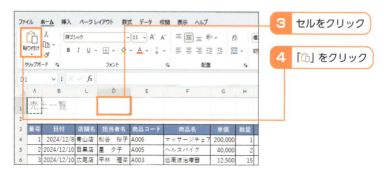

セルをドラッグして移動する

移動したいセルをクリックして選択します。

マウスカーソルを選択したセルの枠あたりに移動して、「✣」に変化させます。そのまま移動したい位置へドラッグします。

ドラッグが完了すると、その位置のセルにデータを移動できます。

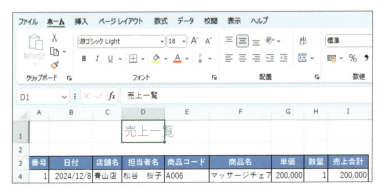

Section 35 データを検索/置換する

練習用ファイル　35_データを検索置換する.xlsx

膨大な量が入力されている表では、確認したい項目の位置を探すのが大変です。そのような場合は検索を使いましょう。また、修正したい文字を一括で変更する場合は置換を使うと便利です。

データを検索する

ホームタブの編集グループの検索と選択をクリックしてメニューを表示し、検索をクリックします。

1 検索と選択をクリック
2 検索をクリック

▼

検索と置換ダイアログが表示されるので、検索したい文字を入力し、すべて検索または次を検索をクリックすると、入力した文字を探すことができます。

3 検索したい文字を入力
4 すべて検索または次を検索をクリック

■ データを置換する

ホームタブの**編集**グループの**検索と選択**をクリックしてメニューを表示し、**置換**をクリックします。

検索と置換ダイアログが表示されるので、検索したい文字と置換後の文字を入力します。入力が完了したら、**すべて置換**をクリックします。

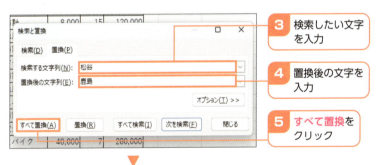

文字が置換されます。

Section 36

データを並べ替える

練習用ファイル　36_データを並べ替える.xlsx

表に入力したデータをあいうえお順にしたり、数値が大きな順にしたい場合、いちいち入力しなおす必要はありません。エクセルには**並べ替え**の機能が備わっており、昇順や降順も変更することができます。

データを並べ替える

並べ替えを行いたい表のセルをクリックして選択します。表内であればどのセルを選択しても構いませんが、並べ替えたい項目の列のセルを選択しましょう。

1 セルをクリック

ホームタブの**編集**グループの**並べ替えとフィルター**をクリックします。

2 並べ替えとフィルターをクリック

昇順または**降順**をクリックします。

3 **昇順**または**降順**をクリック

▼

表のデータが並べ替えられます。

▼

別の項目で並べ替えを行いたい場合や昇順と降順を入れ替えたい場合は、同じ手順で操作し、項目の選択位置や**昇順**と**降順**の選択を変えましょう。

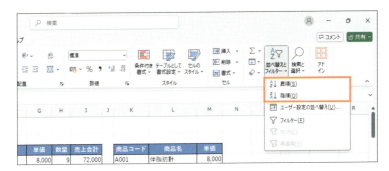

並べ替えの優先度を追加する

106ページの方法で並べ替えを行った場合、選択したセルの項目が最優先で並べ替えられますが、それ以外の項目の優先度はありません。「商品コード順を最優先に並べ替えつつ、店舗名順に並べ替えたい」といった、優先度を追加する並べ替えを行いましょう。最初に、並べ替えを行いたい表のセルをクリックして選択します。

1 セルをクリック

ホームタブの**編集**グループの**並べ替えとフィルター**をクリックします。

2 並べ替えとフィルターをクリック

ユーザー設定の並べ替えをクリックします。

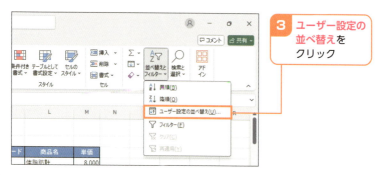

3 ユーザー設定の並べ替えをクリック

並べ替えダイアログが表示されるので、**最優先されるキー**で1番目に優先したい列の項目を選択して、**レベルの追加**をクリックします。

4 項目を選択

5 レベルの追加をクリック

次に優先されるキーで2番目に優先したい列の項目を選択します。ここでは順序は**昇順**に設定し、**OK**をクリックします。

6 項目を選択

7 昇順に設定

8 OKをクリック

商品コード順を最優先に並べ替えつつ、店舗名順に並べ替えることができます。

Section 37

練習用ファイル 37_必要なデータだけを表示する.xlsx

必要なデータだけを表示する

表の中で特定のデータの内容だけ知りたいといった場合は、**フィルター**機能を使うと便利です。フィルターを使うと特定のデータの項目のみを抜き取り表示することができます。

フィルターとは

エクセルのフィルターを使うと、一覧表やデータリストなどの膨大な量のデータの中から、特定の条件を満たすデータのみを抽出することができます。抽出する条件は自分で設定することができ、また複数の条件を設定することも可能です。今回は、商品の一覧表から特定の条件に該当する商品を抽出する方法を紹介します。

110

▦ フィルターを活用する

フィルターを設定したい表のセルをクリックして選択します。表内であればどのセルでも構いません。

1 セルをクリック

ホームタブの編集グループの並べ替えとフィルターをクリックします。

2 並べ替えとフィルターをクリック

フィルターをクリックします。

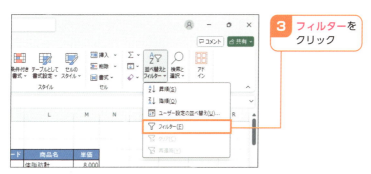

3 フィルターをクリック

表にフィルターが設定されます。

抽出したい項目の列の「▼」をクリックします。

4 「▼」をクリック

抽出したいデータ (ここでは青山店) をクリックしてチェックを入れ、OK をクリックします。

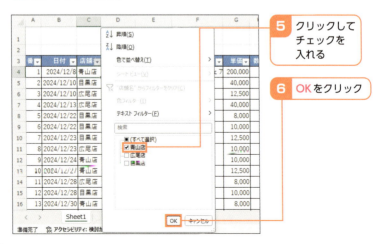

5 クリックして
チェックを
入れる

6 OK をクリック

フィルターで抽出された項目のみのデータを確認することができます。

さらに追加で抽出したい項目の列の「▼」をクリックして、抽出したいデータ（ここでは**A001**）をクリックしてチェックを入れ、OKをクリックします。

複数の条件で抽出された項目のデータを確認することができます。

Section
38

練習用ファイル 38_テーブルを活用する.xlsx

テーブルを活用する

表を作成したうえで、表に書式を設定したり、並べ替えを行ったり、フィルターをかけたりすることが多いですが、これを一括で設定することができるのが**テーブル**機能です。

::: テーブルとは

表を作っている際に、行や列の項目が増えていくたびにセルの書式設定や、色分けを修正していくのは非常に手間です。そこで便利なのがテーブル機能です。表にテーブルを設定すると、行や列を追加しても自動的に書式が設定されるようになります。また、テーブルを設定した表は、すぐに並べ替えやフィルターを設定することができるようになります。

114

テーブルを設定する

テーブルを設定したい表のセルをクリックして選択します。表内であればどのセルでも構いません。

挿入タブのテーブルグループのテーブルをクリックします。

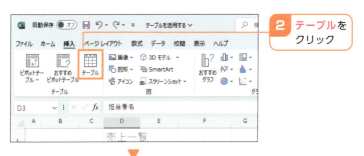

テーブルの作成ダイアログが表示されるので、テーブルに設定する表の範囲を確認して、OKをクリックします。

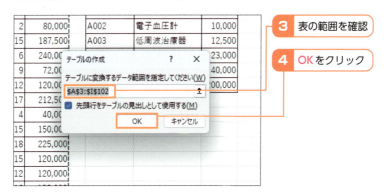

テーブルが設定されます。

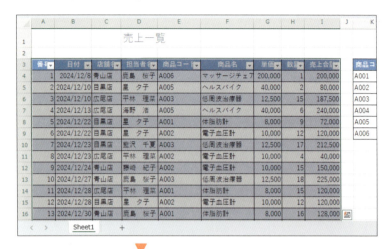

テーブルデザインタブをクリックします。

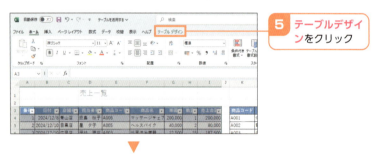

リボンからテーブルのスタイルなどを変更することができます。

テーブルでデータを並べ替える

テーブルの「▼」をクリックします。

1 「▼」をクリック

並べ替えやフィルターを設定することができます。OKをクリックすると、並べ替えやフィルターで抽出されたデータが表示されます。

2 並べ替えやフィルターを設定

3 OKをクリック

Hint テーブルを解除する

テーブルを解除したい場合は、**テーブルデザイン**タブの**ツール**グループの**範囲に変換**❶をクリックし、**はい**❷をクリックします。なお、テーブルを解除しても表に設定されたスタイルはそのまま残ります。

Section 39 連続するデータを自動で入力する

練習用ファイル 39_連続するデータを自動で入力する.xlsx

「1,2,3…」や「月火水…」といったような連続するデータを入力する場合、毎回セルを選択しなおして1つずつ入力していくのは非常に手間です。そこで便利なのが オートフィル を使った入力です。ここでは例として曜日を入力してみましょう。

連続するデータを自動で入力する

表の「月」と入力されているセルをクリックして選択します。

1 セルをクリック

マウスカーソルを選択したセルの右下の位置まで持っていき、「＋」の状態にします。

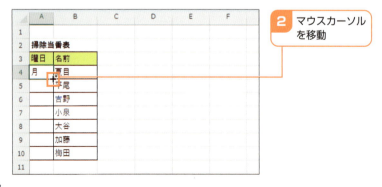

2 マウスカーソルを移動

そのまま連続して入力したい方向（ここでは下方向）へドラッグします。

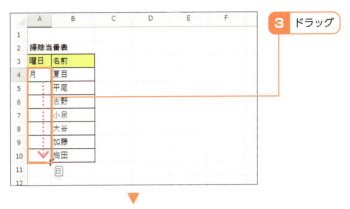

「火」以降が連続で自動で入力されます。

> **Hint 選択するセルに注意**
>
> 曜日の例では1つのセルを選択するのみで連続したデータを入力できましたが、数字などの場合は注意が必要です。1から順に入力したい場合、「1」と入力されたセルのみを選択してオートフィルで入力すると、すべてのセルに「1」が入力されてしまいます。そのような場合は、「1」と隣接するセルに「2」を入力して、ドラッグで2つのセルを選択した状態でオートフィルを使いましょう。そうすれば「3」以降が自動で入力されます。
>
>

Section 40 表を保護する

練習用ファイル　40_表を保護する.xlsx

複数人でエクセルのデータをやり取りする場合、他の人に表やシート内のデータを勝手にいじられると困る場合があります。そのような場合は保護をして他の人が編集できないようにするとよいでしょう。

表を保護する

保護したい表全体をドラッグして選択します。

1 表をドラッグして選択

ホームタブの数値グループの「🗗」をクリックします。

2 「🗗」をクリック

セルの書式設定ダイアログが表示されるので、**保護**をクリックします。

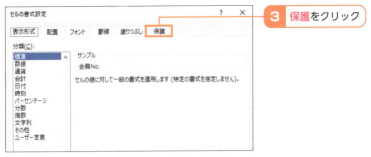

ロックをクリックしてチェックを入れ、**OK**をクリックします。

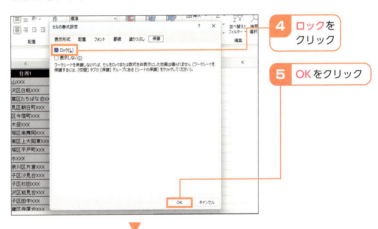

校閲タブをクリックします。

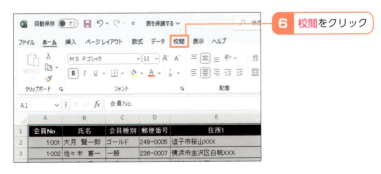

保護グループのシートの保護をクリックします。

7 シートの保護をクリック

保護を解除するためのパスワードを入力します。

8 パスワードを入力

シートの保護ダイアログが表示されるので、ロックされたセル範囲の選択をクリックしてチェックを入れ、OKをクリックします。この後に確認で、再度パスワードを入力してOKをクリックします。

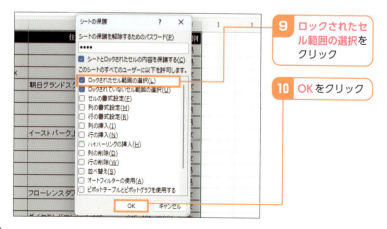

9 ロックされたセル範囲の選択をクリック

10 OKをクリック

表の保護を解除する

校閲タブの保護グループのシート保護の解除をクリックします。

1 シート保護の解除をクリック

シートの保護の解除ダイアログが表示されるので、パスワードを入力し、OKをクリックします。

2 パスワードを入力

3 OKをクリック

Hint ブックの保護

校閲タブの保護グループのブックの保護をクリックし、パスワードを入力すると、シートではなくブックの保護ができます。ブックの保護では、セルの編集などはパスワードを知らなくても行うことができますが、シートの追加やシート名の変更などはパスワードを入力しないと行うことができません。

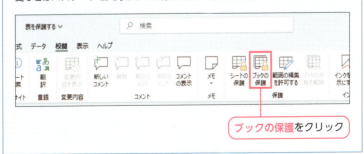

ブックの保護をクリック

Section 41

練習用ファイル 41_表を複製する.xlsx

表を複製する

表を複製したい場合、通常のコピーの方法では数値や文字の他に書式などもコピーして貼り付けることができますが、列や行の幅はコピーできず、貼り付け後に調整が必要です。その調整をしなくてもよい複製方法を紹介します。

表を複製する

表全体をドラッグして選択し、コピーをしておきます。

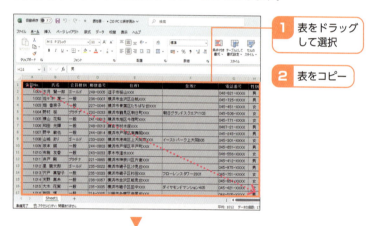

1. 表をドラッグして選択
2. 表をコピー

複製先の表の左上の位置にあたるセルをクリックして選択します。

3. セルをクリック

124

ホームタブの**クリップボード**グループの**貼り付け**をクリックします。

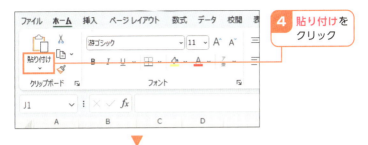

4 **貼り付け**を クリック

▼

「📋」(元の列幅を保持) をクリックします。

5 「📋」をクリック

▼

数値や文字、書式、列や行の幅をそのままに表の複製ができます。

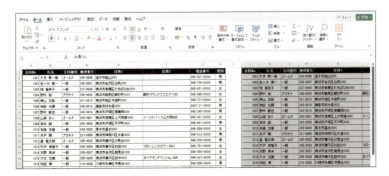

Section 42

練習用ファイル 42_シートごと表を複製する.xlsx

シートごと表を複製する

新たにシートを作成する際に、現在作成している表もそのまま複製したいという場合があります。シートを作成後に元のシートからコピーしてもよいのですが、**シートごと表を複製**してしまうほうが簡単です。

シートごと表を複製する

シートのタブを右クリックします。

[1] シートのタブを右クリック

▼

表示されるメニューから、**移動またはコピー**をクリックします。

[2] **移動またはコピー**をクリック

移動またはコピーダイアログが表示されるので、**コピーを作成する**をクリックしてチェックを入れ、**OK**をクリックします。

元のシートの内容をそのままコピーしたシートが複製されます。

> **Hint**
>
> ### シート名の変更
>
> シート名を変更する場合は、シートのタブを右クリックし、表示されるメニューから**名前の変更**をクリックして、名前を入力しましょう。

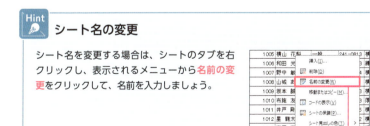

Section 43

表の一部を非表示にする

表を閲覧する際に、ある期間と離れた期間のデータを見比べたい場合、その間の行や列を非表示にすると見やすくなります。非表示にするとその行や列は圧縮されますが、再表示も簡単に行うことができます。

表の一部を非表示にする

非表示にしたい行の番号や列のアルファベットをクリックまたはドラッグで選択します。ここでは、列を非表示にします。

選択された列のアルファベットを右クリックします。

表示されるメニューから、非表示をクリックします。

3 非表示をクリック

選択された列が非表示にされます。

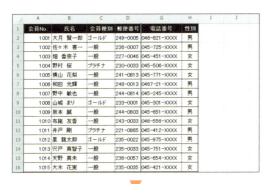

再表示させたい場合は、圧縮されたアルファベット上で右クリックし、表示されるメニューから**再表示**をクリックします。

4 再表示をクリック

Section **44**

練習用ファイル　44_表の見出しを固定表示する.xlsx

表の見出しを固定表示する

膨大なデータの量で表が大きくなった場合、画面をスクロールすると見出し行が見えなくなり、何の項目の列なのかわからなくなってしまいます。そのような場合は見出しを固定して、スクロールしても表示されるようにしましょう。

表の見出しを固定表示する

固定表示にしたい見出しの入力されたセルをクリックして選択します。

1 セルをクリック

表示タブのウィンドウグループのウィンドウ枠の固定をクリックします。

2 ウィンドウ枠の固定をクリック

固定方法を選択します。ここでは、**先頭行の固定**をクリックします。

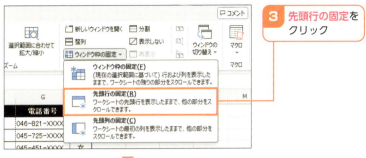

3 **先頭行の固定を**
クリック

先頭行が固定表示されるようになります。

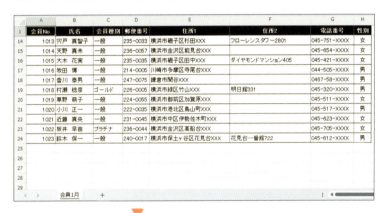

固定表示を解除したい場合は、**表示**タブの**ウィンドウ**グループの**ウィンドウ枠の固定**から、**ウィンドウ枠固定の解除**をクリックします。

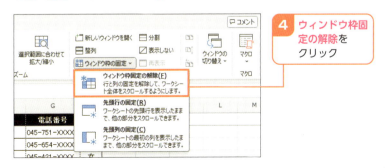

4 **ウィンドウ枠固定の解除を**
クリック

練習用ファイル 45_ヘッダーとフッターを挿入する.xlsx

Section 45

ヘッダーとフッターを挿入する

表を印刷した際に、**ヘッダー**に資料名や会議の名前を、**フッター**には資料番号などを記入しておくとわかりやすくなります。ヘッダーとフッターには文字や数字を自由に記入することが可能です。

ヘッダーとフッターを挿入する

挿入タブの**テキスト**グループの**テキスト**から、**ヘッダーとフッター**をクリックします。

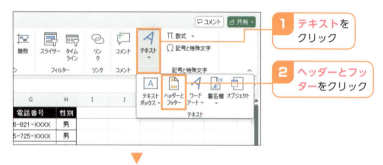

1. **テキスト**をクリック
2. **ヘッダーとフッター**をクリック

画面が切り替わり、ヘッダーとフッターに入力ができるようになります。

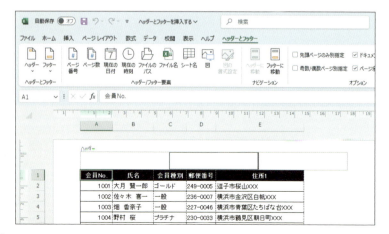

挿入したいヘッダー位置をクリックして、表示する文字を入力し、Enterを押して確定します。

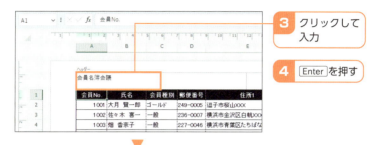

フッターにページ番号を挿入します。挿入したいフッター位置をクリックして、**ヘッダーとフッター**タブの**ヘッダー/フッター要素**グループの**ページ番号**をクリックします。

ヘッダーとフッターを挿入したら、画面右下の「⊞」をクリックすることで表作成画面に戻ることができます。

Section 46

練習用ファイル 46_表にコメントを追加する.xlsx

表にコメントを追加する

他の誰かとエクセルデータを共有している場合、相手にわかりやすいように修正指示などの**コメント**を残してあげると共同作業が行いやすくなります。また、コメントは、次の作業はどこから行うのかなど自分用のメモとしても活用できます。

表にコメントを追加する

コメントを追加したいセルをクリックして選択します。

1 セルをクリック

挿入タブの**コメント**グループの**コメント**をクリックします。

2 **コメント**をクリック

コメントを入力し、Enterを押して確定します。

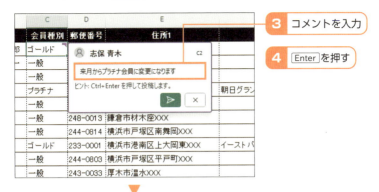

「▷」をクリックします。

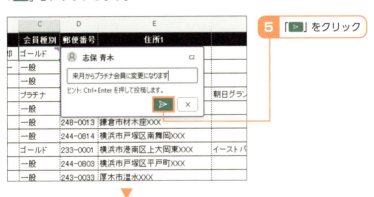

コメントが追加されます。

コメントに返信する

コメントが追加されたセルは右上に「🔻」が付きます。マウスカーソルを乗せるとコメントが表示されます。

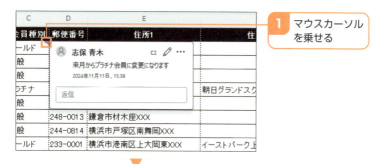

返信内容を入力し、「▷」をクリックすると返信されます。

コメントの「…」から**スレッドを解決する**をクリックし、「🗑」をクリックするとコメントが削除されます。

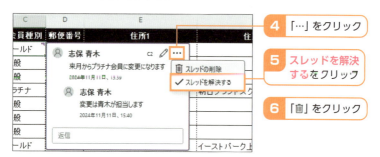

第 **5** 章

計算と関数

Section 47 四則計算をする

練習用ファイル　47_四則計算をする.xlsx

エクセルのいちばんの機能といえば表計算です。まずは四則計算を行いましょう。エクセルの四則計算は、セルとセルを参照して足し算などを行うことを指します。

足し算をする

ここではB3とC3とD3のセルの数値を足した数値が反映されるように計算を行います。足し算の合計を入力するセルをクリックして選択し、「＝」を入力します。

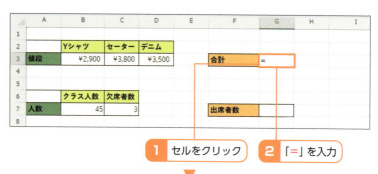

「＝」に続いて「B3+C3+D3」と入力し、Enterを押して確定すると、足し算の結果が表示されます。足し算は「＋」（プラス）を使って計算します。

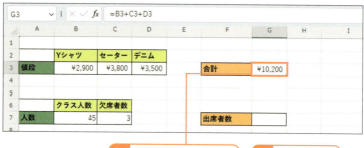

その他の四則計算

引き算

引き算は「-」（マイナス）を使って計算します。残りの数を計算するときなどに利用します。

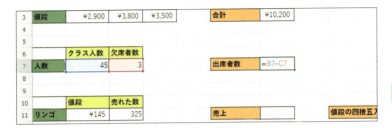

掛け算

掛け算は「*」（アスタリスク）を使って計算します。1個あたりの値段と個数から売上を計算するときなどに利用します。

割り算

割り算は「/」（スラッシュ）を使って計算します。1人あたりの数を計算するときなどに利用しましょう。

Section 48 合計を計算する

練習用ファイル 48_合計を計算する.xlsx

合計を計算する場合、延々と足し算を入力するのでは大変手間です。そこで役に立つのが関数です。ここでは合計を簡単に導き出すことができる **SUM関数** を利用しましょう。

SUM関数を利用する

SUM関数を使って売上の合計を割り出しましょう。関数を入力するセルをクリックして選択します。

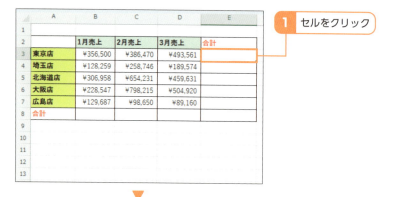

1 セルをクリック

最初に「=」を入力します。

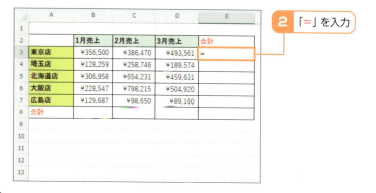

2 「=」を入力

「=」に続いて「SUM()」と入力します。関数の場合はこの「()」を入力しないと認識されないので注意しましょう。

3 「SUM()」を入力

「()」の中に合計を計算したいセルの範囲（ここでは B3:D3）を入力します。「○から○」の「から」は「:」で表します。

4 セルの範囲を入力

入力が完了して Enter を押すと、合計の数値が表示されます。

5 Enter を押す

オートSUMで計算する

SUM関数には自動で入力する方法もあります。先ほどと同様に合計を計算してみましょう。

関数を入力するセルをクリックして選択します。

1 セルをクリック

ホームタブの**編集**グループの「Σ」の「˅」をクリックします。

2 「Σ」の「˅」をクリック

合計をクリックします。

合計する範囲を確認して、問題がないようであればEnterを押して確定します。

合計の数値が表示されます。

	A	B	C	D	E	F
1						
2		1月売上	2月売上	3月売上	合計	
3	東京店	¥356,500	¥386,470	¥493,561	¥1,236,531	
4	埼玉店	¥128,259	¥258,746	¥189,574	¥576,579	
5	北海道店	¥306,958	¥654,231	¥459,631		
6	大阪店	¥228,547	¥798,215	¥504,920		
7	広島店	¥129,687	¥98,650	¥89,160		
8	合計					

Section 49 平均を計算する

練習用ファイル 49_平均を計算する.xlsx

合計の次は、数値の平均値を割り出してみましょう。ここでも関数が役に立ちます。平均にはAVERAGE関数を使います。関数の入力はSUM関数と同様に行いましょう。

AVERAGE関数を利用する

AVERAGE関数を使って平均値を割り出しましょう。関数を入力するセルをクリックして選択します。

1 セルをクリック

ホームタブの編集グループの「Σ」の「∨」をクリックします。

2 「Σ」の「∨」をクリック

平均をクリックします。

3 平均をクリック

平均する範囲を確認して、問題がないようであれば Enter を押して確定します。

4 セル範囲を確認して Enter を押す

平均の値が表示されます。

	A	B	C	D	E	F	G
1							
2		国語	数学	英語	平均		
3	テスト点数	78	86	75	79.66667		
4							

Hint 平均の数を四捨五入して表示したい場合

AVERAGE関数で表示された関数は必ずしも割り切れる数で表示されるわけではありません。きれいな数値で表示したい場合は、四捨五入を行いましょう。四捨五入の関数については、150ページで解説していますが、上記の手順でAVERAGE関数の四捨五入を割り出す場合は、「=ROUND(AVERAGE(B3:D3),0)」と入力しましょう。

	A	B	C	D	E	F	G	H	I	J	K	L
1												
2		国語	数学	英語	平均							
3	テスト点数	78	86	75	80							

E3　fx =ROUND(AVERAGE(B3:D3),0)

練習用ファイル　50_数値の個数を計算する.xlsx

Section 50 数値の個数を計算する

たとえば「名簿欄から人数が何人いるかどうか」を確認する場合、自分の目で数えていくのは非常に手間です。ここでも関数が役に立ちます。**COUNT関数**で数値の個数を数えてみましょう。

▦ COUNT関数を利用する

COUNT関数を使って数値の個数を割り出しましょう。関数を入力するセルをクリックして選択します。

1 セルをクリック

ホームタブの**編集**グループの「Σ」の「∨」をクリックします。

2 「Σ」の「∨」をクリック

146

数値の個数をクリックします。

3 **数値の個数**をクリック

数値の個数を数える範囲を確認して、問題がないようであれば Enter を押して確定します。

4 セル範囲を確認して Enter を押す

数値の個数が表示されます。

Hint　文字を含むセルの個数を数えたい場合

COUNT関数では、数値が入力されているセルしか数えることができません。文字を含むセルも数えたい場合は、**COUNTA関数**を使います。上記の手順 4 で「COUNT」を「COUNTA」に入力しなおすとよいでしょう。

Section 51

計算式をコピーする

練習用ファイル 51_計算式をコピーする.xlsx

複数のセルで同じような計算を行いたい場合、**コピーして貼り付け**を行うと簡単に数式を入力することができます。また、セルが連続している場合はオートフィルも利用することができます。

計算式をコピーする

コピーしたいセルをクリックして選択し、**ホーム**タブの**クリップボード**グループの「🗎」をクリックします。

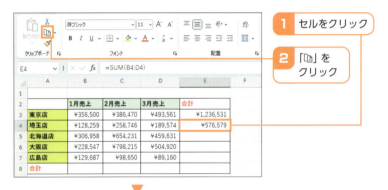

貼り付けたいセルをクリックして選択し、**ホーム**タブの**クリップボード**グループの「📋」をクリックします。

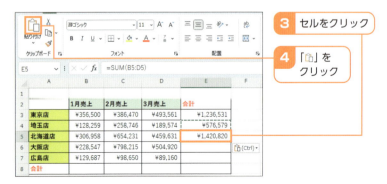

148

オートフィルでコピーする

コピーしたいセルをクリックして選択します。

1 セルをクリック

選択したセルの右下にマウスカーソルを重ね、「╋」に変化させます。

2 マウスカーソルを移動

コピーしたい方向へドラッグすると、オートフィルで入力されます。

3 ドラッグ

Section 52

練習用ファイル 52_数値を四捨五入する.xlsx

数値を四捨五入する

ある特定の数値の四捨五入した数値を表示したい場合は、手入力でも問題ありませんが、関数を利用することができます。ここでは、ROUND関数を使って四捨五入をしてみます。

ROUND関数を利用する

ROUND関数を使って数値を四捨五入しましょう。関数を入力するセルをクリックして選択します。

最初に「=」を入力します。

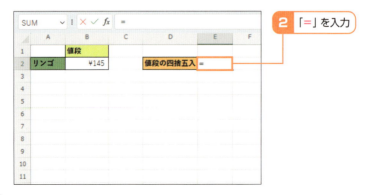

「=」に続いて「ROUND()」と入力します。SUM関数と同様に、「()」を入力しないと認識されないので注意しましょう。

3 「ROUND()」を入力

「()」の中に四捨五入したいセル（ここではB2）を入力します。続いて「,-1」と入力します。このときの「-1」とは桁数を表しており、この場合は1の位で四捨五入するということになります。

4 セルを入力

5 「,-1」を入力

Enterを押して確定すると、四捨五入された数値が表示されます。

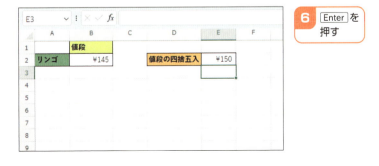

6 Enterを押す

Section **53** 最大値/最小値を表示する

練習用ファイル　53_最大値最小値を表示する.xlsx

「商品の中でいちばん安いもの」「テストの結果の中でいちばん高い点数」などを割り出したいときも関数を使いましょう。最大値はMAX関数、最小値はMIN関数を使います。

MAX関数/MIN関数を利用する

MAX関数とMIN関数を使って数値の最大値と最小値を割り出しましょう。関数を入力するセルをクリックして選択します。

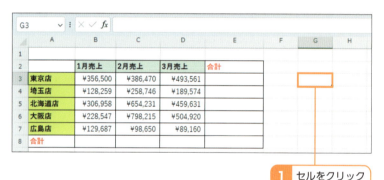

1 セルをクリック

▼

ホームタブの編集グループの「Σ」の「˅」をクリックします。

2 「Σ」の「˅」をクリック

最大値を割り出したい場合は最大値をクリックします。最小値を割り出したい場合は最小値をクリックします。

3 最大値または最小値をクリック

割り出すセルの範囲（ここでは B3:D7）を入力して、問題がないようであれば Enter を押して確定します。

4 セル範囲を入力して Enter を押す

最大値/最小値が表示されます。

Section 54

関数の範囲を変更する

練習用ファイル 54_関数の範囲を変更する.xlsx

関数を入力する際に指定した**セルの範囲**を変更してみましょう。セルの範囲は、計算式に入力されたセルの範囲を入力しなおすだけで簡単に変更できます。

関数の範囲を変更する

関数の範囲を変更するセルをクリックして選択します。

1 セルをクリック

ダブルクリックするかキーボードの F2 を押して、セルのデータを編集できる状態にします。

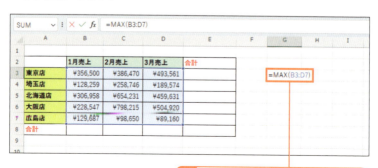

2 ダブルクリックもしくは F2 を押す

セルの範囲を入力しなおします（ここでは**B3:B7**を入力します）。

3 セルの範囲を入力

▼

セルの範囲を確認し、Enterを押して確定します。

4 Enterを押す

Hint ドラッグでセルの範囲を変更する

セルの範囲は、手入力以外にドラッグ操作でも変更できます。関数の範囲として選択されているセルの四隅の「■」をドラッグして範囲を変更しましょう。

Section 55 覚えておくと便利な関数

練習用ファイル 55_覚えておくと便利な関数.xlsx

エクセルには他にも多数の関数が用意されています。ここでは、覚えておくとビジネスで役に立つ関数を5個紹介します。少し難しいですが、どういうものなのか確認しておくとよいでしょう。

IF関数

IF関数は、さまざまな論理式をもとに正しい場合と違う場合で条件分岐を作れる関数です。たとえば、ある数値に対してそれ以上なら〇、それ以下なら×を表示するといったことができます。この関数は他の関数と組み合わせることができ、幅広く活用できるので絶対覚えておくべき関数の1つと言えます。

IF関数を使うと下の画面のような、80点以上で合格、80点未満で不合格といった成績を割り出すことができます。

80点以上で「合格」、80点未満で「不合格」と表示します。

IF関数は「=IF(論理式,真の場合,偽の場合)」で入力します。

 絶対参照

参照するセルが常に固定される参照方式です。「F2」のように「$」を付けることで絶対参照になります。数式をコピーしても、どの数式も同一のセルを参照し、変更されることはありません。絶対参照にするには、関数にセルを入力した後にキーボードの F4 を押します。

COUNTIF関数

COUNT関数はデータの個数を数える関数です。**COUNTIF関数**はそれにIF関数が加わった形となり、条件に合うデータの個数を数える関数となります。この関数を使えば、特定の文字が入っているセルの個数を数えたり、逆に特定の文字以外のセルの個数を数えたりすることができます。よく使用する例としては、顧客名簿の男性の人数だけ数えたり、ある表の空白セル以外の個数を数えたりします。

性別が「男」のセルの個数を数えます。

COUNTIF関数は「**=COUNTIF(範囲,条件)**」で入力します。

SUMIF関数

SUM関数はデータの合計を数える関数です。**SUMIF関数**はそれにIF関数が加わった形となり、条件に合うデータを合計する関数となります。この関数を使えば、特定の商品のみの売上個数や金額を割り出すことができます。

SUMIF関数を使うと下の画面のような、各店舗の売上からワイシャツのみの売上金額の合計を割り出すといったことができます。

ワイシャツの売上金額を合計します。

SUMIF関数は「**=SUMIF(範囲,条件,合計範囲)**」で入力します。

VLOOKUP関数

VLOOKUP関数とは、検索条件に一致するデータを指定範囲の中から探して表示してくれる関数です。特定の値で表を検索し、表の中の必要な情報を抽出することができます。また、もとになるデータから値を取得することで、数字や文字の間違いや表記のブレを防ぐこともできます。

VLOOKUP関数を使うと下の画面のような、商品コードや商品名を入力するだけで、単価を表示させるといったことができます。

リンゴの単価を表から抽出します。

VLOOKUP関数は「**=VLOOKUP(検索値, 範囲, 列番号, 検索方法)**」で入力します。

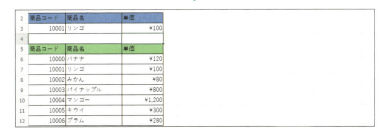

XLOOKUP関数

XLOOKUP関数とは検索条件に一致するデータを指定範囲の中から探して表示してくれる関数です。VLOOKUP関数と同様の機能を持っていますが、より柔軟に条件を指定することができます。しかし、その分VLOOKUP関数より数式が複雑になるというデメリットもあるので、うまく使い分けましょう。

XLOOKUP関数を使うと、下の画面のような、商品コードや商品名を入力するだけで、単価を表示させるといったことができます。

リンゴの単価を表から抽出します。

XLOOKUP関数は「**=XLOOKUP(検索値,範囲,戻り値範囲,見つからない場合,一致モード,検索モード)**」で入力します。

第 **6** 章

グラフの作成

Section **56**

練習用ファイル 56_折れ線グラフを作成する.xlsx

折れ線グラフを作成する

エクセルで表を作成したら、その表をもとにグラフを作成してみましょう。年間売上などのグラフを作れば、表の数値で見るよりわかりやすくなります。まずは折れ線グラフを作成しましょう。

折れ線グラフを作成する

グラフを作成したい表の中のセルをクリックして選択します。表内であればどのセルでも構いません。

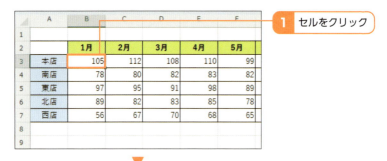

1 セルをクリック

挿入タブをクリックします。

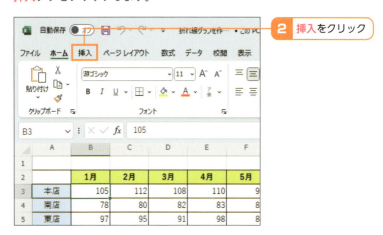

2 挿入をクリック

グラフグループの「💹」をクリックします。

グラフの種類を選択します。ここでは、「📈」をクリックします。

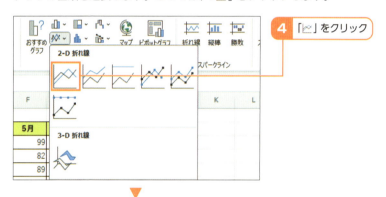

折れ線グラフが作成されます。

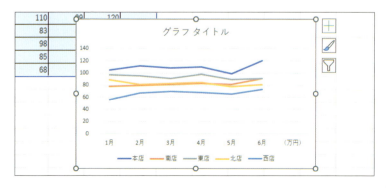

Section 57

練習用ファイル 57_グラフの種類を変更する.xlsx

グラフの種類を変更する

エクセルには折れ線グラフ以外にもさまざまなグラフが収録されています。ここでは、折れ線グラフから縦棒グラフに変更する方法を紹介しますが、他にも**グラフの種類**があるのでいろいろ試してみるとよいでしょう。

グラフの種類を変更する

種類を変更したいグラフをクリックして選択します。

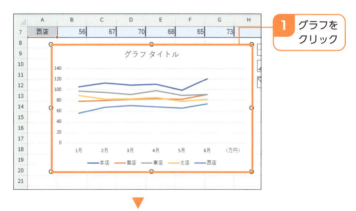

1 グラフをクリック

グラフのデザインタブの**種類**グループの**グラフの種類の変更**をクリックします。

2 グラフの種類の変更をクリック

変更したいグラフの種類を選択します。ここでは、縦棒をクリックします。

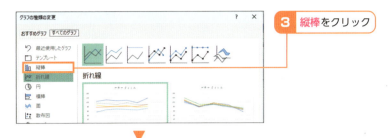

グラフの種類の変更ダイアログが表示されるので、グラフの内容を選択して、OK をクリックします。

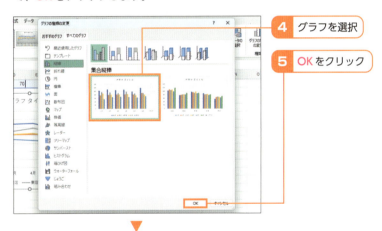

グラフの種類が変更されます。

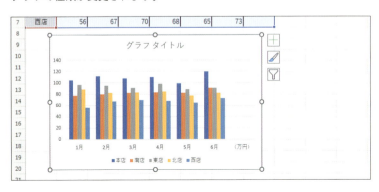

Section 58 グラフのデータを修正する

練習用ファイル 58_グラフのデータを修正する.xlsx

グラフは表のデータや数値に基づいて作成されます。表のデータや数値を入力しなおすと、グラフのデータも自動的に修正されます。どのように変わるかを確認しましょう。

グラフのデータを修正する

162ページを参考に、グラフを作成しておきます。

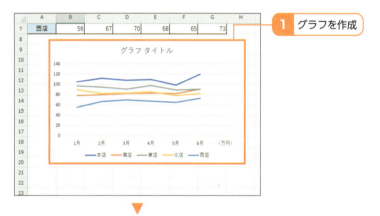

1 グラフを作成

データを修正したいセルをクリックして選択します。

2 セルをクリック

数値を入力しなおし、[Enter]を押して確定します。

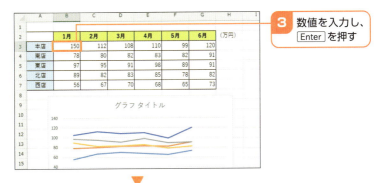

3 数値を入力し、[Enter]を押す

グラフのデータも自動的に修正されます。

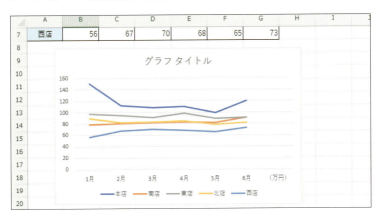

Hint 数値だけでなく文字も自動で切り替わる

数値の変更を例に手順を紹介しましたが、文字のデータを入力しなおした場合でも、自動的にグラフに反映されます。

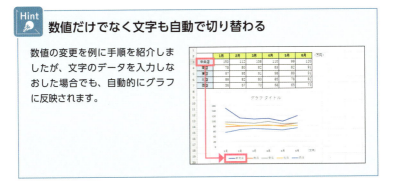

Section 59 グラフに見出しを付ける

練習用ファイル 59_グラフに見出しを付ける.xlsx

作成したグラフには、見出しを付けるためのグラフタイトルの要素が最初から追加されています。なお、ここではグラフタイトルや他の要素が付いていなかった場合の追加方法も紹介します。

グラフに見出しを付ける

162ページを参考に、グラフを作成しておきます。

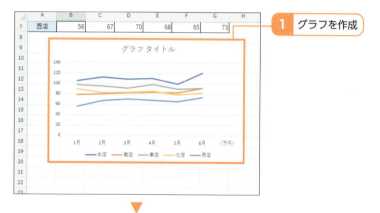

1 グラフを作成

▼

グラフタイトルをクリックします。

2 グラフタイトルをクリック

見出しを入力し、Enter を押して確定します。

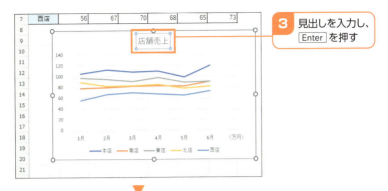

3 見出しを入力し、Enter を押す

グラフに見出しが付きます。

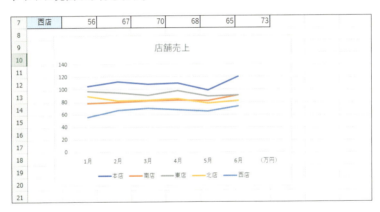

Hint グラフの見出しに書式設定する

グラフの見出しなどの要素には書式を設定することができます。グラフタイトルなどの要素をクリックして選択し、**書式**タブをクリックすると、リボンから書式を設定できます。

グラフにその他の要素を追加する

グラフにその他の要素を追加してみましょう。今回はグラフに「データラベル」を追加してみます。要素を追加したいグラフをクリックして選択します。

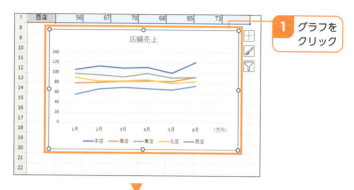

グラフのデザインタブのグラフのレイアウトグループのグラフ要素を追加をクリックします。

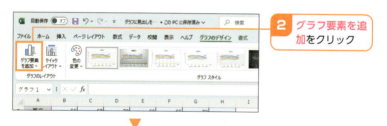

データラベルをクリックします。

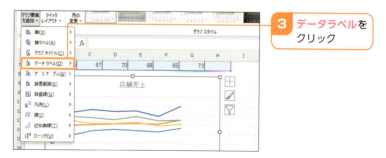

データラベルを配置する位置を選択します。ここでは、**上**をクリックします。

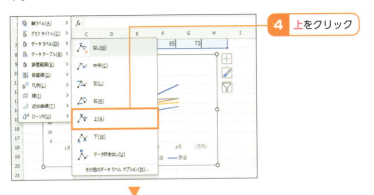

グラフにデータラベルが追加されます。

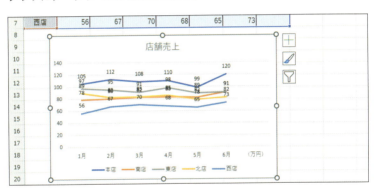

Hint グラフに目盛線を追加する

グラフには目盛線を追加することもできます。**グラフのデザイン**タブの**グラフのレイアウト**グループの**グラフ要素を追加**から、**目盛線**をクリックして選択しましょう。

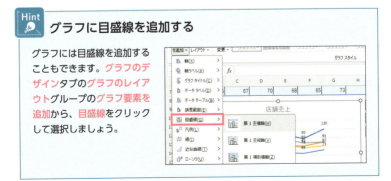

Section 60 グラフの見た目を変更する

練習用ファイル　60_グラフの見た目を変更する.xlsx

作成したグラフは**サイズ**や**色**、**スタイル**を変更することができます。好みの色にして見やすくしたり、サイズを変更して表の隣に置いて印刷するなど、自由にグラフを変更しましょう。

グラフのサイズを変更する

グラフをクリックして選択し、**書式**タブの**サイズ**グループの「∧」や「∨」をクリックします。

1 「∧」や「∨」をクリック

▼

グラフのサイズが変更されます。他にも直接数値を入力してサイズを変更することもできます。

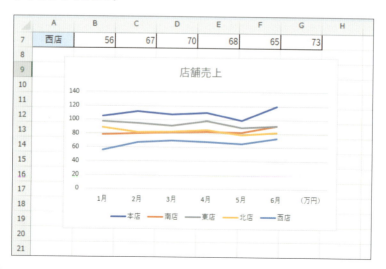

グラフの色を変更する

グラフをクリックして選択し、**グラフのデザイン**タブの**グラフスタイル**グループの**色の変更**をクリックします。

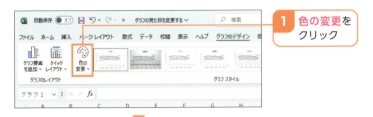

任意の色をクリックします。

グラフの色が変更されます。

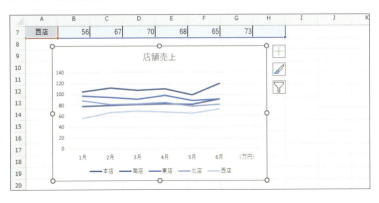

グラフのスタイルを変更する

グラフをクリックして選択します。

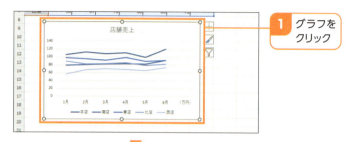

1 グラフをクリック

グラフのデザインタブの**グラフスタイル**グループの「˅」をクリックします。

2 「˅」をクリック

任意のスタイルをクリックすると、グラフのスタイルが変更されます。

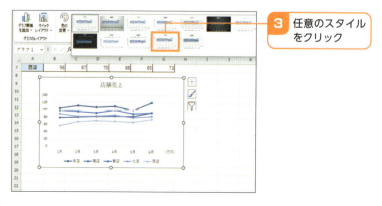

3 任意のスタイルをクリック

グラフのレイアウトを変更する

グラフをクリックして選択します。

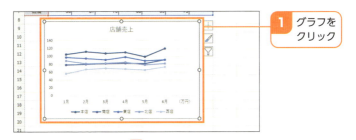

1 グラフをクリック

グラフのデザインタブのグラフのレイアウトグループのクイックレイアウトをクリックします。

2 クイックレイアウトをクリック

任意のレイアウトをクリックすると、グラフのレイアウトが変更されます。

3 任意のレイアウトをクリック

練習用ファイル 61_グラフの行と列を入れ替える.xlsx

Section 61 グラフの行と列を入れ替える

通常の場合、グラフは、表のデータに基づいて自動的に行と列を決定して作成されます。この行と列は**後から入れ替える**ことができます。その方法を確認しましょう。

グラフの行と列を入れ替える

行と列を入れ替えたいグラフをクリックして選択します。

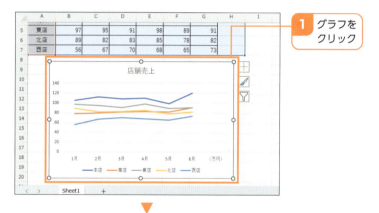

1 グラフをクリック

▼

グラフのデザインタブをクリックします。

2 **グラフのデザイン**をクリック

データグループの**行/列の切り替え**をクリックします。

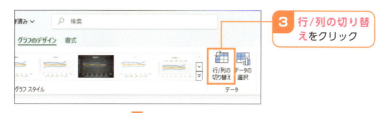

3 行/列の切り替えをクリック

グラフの行と列が入れ替わります。

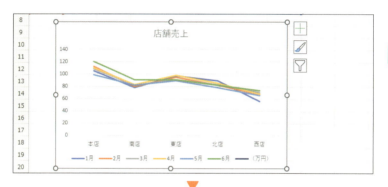

行/列の切り替えを再度クリックすると、元に戻ります。

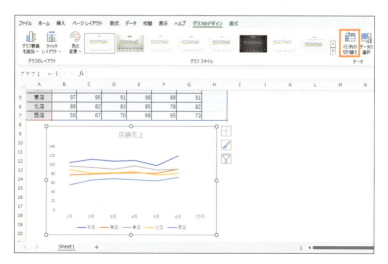

練習用ファイル 62_グラフの選択範囲を変更する.xlsx

Section 62 グラフの選択範囲を変更する

通常の場合、表全体のデータに基づいてグラフが作成されます。表の一部のデータのみでグラフを作成したい場合は、グラフの選択範囲を変更しましょう。

グラフの選択範囲を変更する

選択範囲を変更したいグラフをクリックして選択します。

1 グラフをクリック

▼

表の選択範囲を変更します。マウスカーソルを表の数値やデータの四隅に合わせると「↘」に変化します。

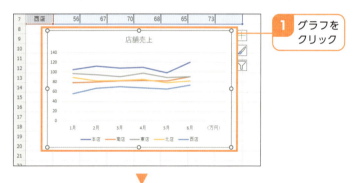

2 マウスカーソルを移動

178

その状態でドラッグします。

	1月	2月	3月	4月	5月	6月	(万円)
本店	105	112	108	110	99	120	
南店	78	80	82	83	82	91	
東店	97	95	91	98	89	91	
北店	89	82	83	85	78	82	
西店	56	67	70	68	65	73	

3 ドラッグ

▼

表上で選択範囲が変更されます。

	1月	2月	3月	4月	5月	6月	(万円)
本店	105	112	108	110	99	120	
南店	78	80	82	83	82	91	
東店	97	95	91	98	89	91	
北店	89	82	83	85	78	82	
西店	56	67	70	68	65	73	

▼

グラフにも変更された選択範囲が反映されます。

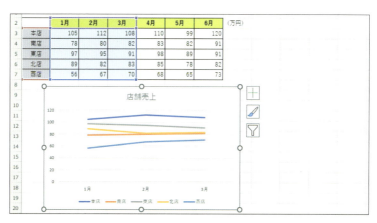

6 グラフの作成

Section 63 種類を組み合わせて作成する

練習用ファイル 63_種類を組み合わせて作成する.xlsx

エクセルでは、1つの表から1つのグラフを作成するだけではなく、1つの表から2つのグラフを**組み合わせて作る**こともできます。「客数と売り上げ」「気温と降水量」などといったグラフが作れるのです。

種類を組み合わせて作成する

グラフを作成したい表の中のセルをクリックして選択します。表内であればどのセルでも構いません。

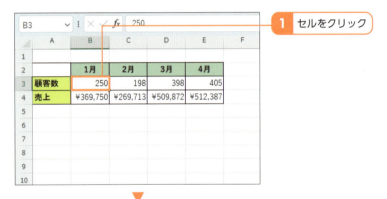

1 セルをクリック

▼

挿入タブの**グラフ**グループの「⤢」をクリックします。

2 「⤢」をクリック

グラフの挿入ダイアログが表示されるので、**すべてのグラフ**をクリックします。

3 **すべてのグラフ**をクリック

組み合わせをクリックします。

4 **組み合わせ**をクリック

任意のグラフの種類をクリックします。

5 任意のグラフの種類をクリック

1つ目の系列名（ここでは**顧客数**）の**第2軸**をクリックしてチェックを入れ、グラフの種類の「∨」をクリックします。

1つ目のグラフの種類（ここでは**折れ線**のグラフ）をクリックします。

2つ目の系列名（ここでは**売上**）のグラフの種類の「∨」をクリックします。

2つ目のグラフの種類（ここでは縦棒のグラフ）をクリックします。

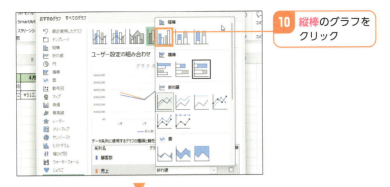

OKをクリックします。

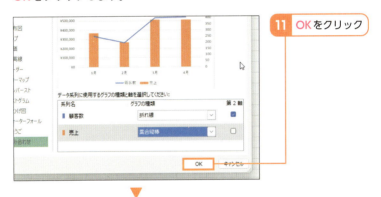

折れ線と縦棒を組み合わせたグラフが作成されます。

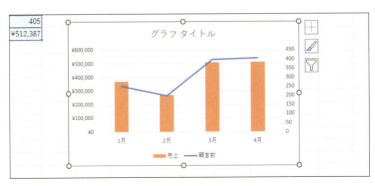

付録 Copilotを活用しよう

MicrosoftではCopilot（コパイロット）という、WindowsやOfficeアプリから利用できる生成AIサービスを提供しています。ここではエクセルでCopilotを使った例を紹介します。

エクセルでのCopilot

2025年1月現在、エクセルでのCopilotは「Microsoft 365」でのみ利用できます。「エクセル2024」では利用できない点に注意してください。また、エクセルでCopilotを使うには月額3,200円（個人契約の場合）が必要です。Copilotの公式サイトから契約しましょう。Microsoft 365に契約をしていない場合は、一緒に契約を行いましょう。

エクセルのCopilotでは、「データ分析」や「フィルター」、「表の追加」、「データの強調表示」、「関数の生成」などを行うことができます。Copilotにプロンプト（質問）を入力して送信をすると、自動で生成などを行ってくれます。

Copilotを活用する

ホームタブでCopilotをクリックします（Copilotと契約していない場合は表示されません）。

1 Copilotをクリック

Copilotメニューが表示されます。プロンプト（質問）の入力欄をクリックします。

2 入力欄をクリック

プロンプト（質問）を入力して、「▷」をクリックします。

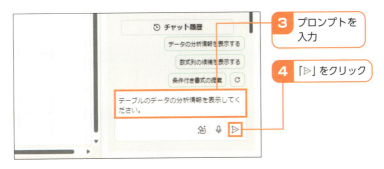

3 プロンプトを入力

4 「▷」をクリック

テーブルのデータの分析結果が表示されます。

データによっては、分析内容を文章化して生成されることもあります。グラフと文章の両方で表示される場合は、グラフの下に分析結果の文章が生成されます。

次に表に列を追加してもらいましょう。プロンプトの入力欄をクリックし、プロンプトを入力して、▷をクリックします。

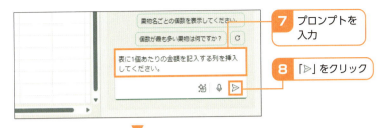

生成結果が表示されます。問題ない場合は**列の挿入**をクリックします。

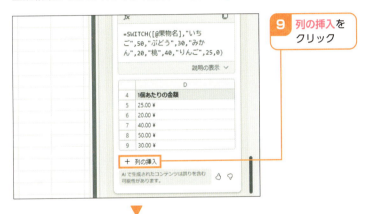

テーブルに生成された列が挿入されました。

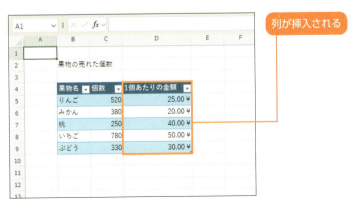

エクセルで 使える ショートカットキー

Ctrl + S	ファイルの上書き保存
Ctrl + Z	直前の操作を元に戻す
Ctrl + Y	元に戻した操作をやり直す
Ctrl + C	選択したセルをコピーする
Ctrl + V	コピーした内容を貼り付ける
Ctrl + X	選択したセルを切り取る
Ctrl + D	選択した範囲の中で、いちばん上の行の セルの内容をいちばん下までコピーして 貼り付ける
Ctrl + R	選択した範囲の中で、いちばん左の列の セルの内容をいちばん右までコピーして 貼り付ける

Ctrl + Shift + 6	セルに外枠の罫線を引く
Ctrl + B	太字の書式設定をする
Ctrl + I	斜体の書式設定をする
Ctrl + U	下線の書式設定をする
Ctrl + 5	取り消し線の書式設定をする
Ctrl + N	新しいブックの作成
Ctrl + W	選択しているブックを閉じる
Ctrl + Page Up	前のワークシートを表示する
Ctrl + Page Down	次のワークシートを表示する
Shift + F11	新しいワークシートを挿入する
Alt + F1	現在の範囲からグラフを作成する
Alt + F4	エクセルを終了する
Alt + Enter	セル内で文字を改行する

索引 index

英字

AVERAGE 関数 …………………… 144

Copilot …………………………… 184

COUNTIF 関数 …………………… 157

COUNT 関数 ……………………… 146

IF 関数 …………………………… 156

MAX 関数 ………………………… 152

MIN 関数 ………………………… 152

PDF ………………………………… 42

ROUND 関数 ……………………… 150

SUMIF 関数 ……………………… 158

SUM 関数 ………………………… 140

VLOOKUP 関数…………………… 159

XLOOKUP 関数 …………………… 160

あ行

印刷 ………………………………… 36

上書き保存 ………………………… 19

エクセル …………………………… 14

エクセルの画面 …………………… 15

オート SUM ……………………… 142

オートフィル……………… 118,149

オプション画面 …………………… 46

折れ線グラフ …………………… 162

か行

拡大 ………………………………… 34

掛け算 …………………………… 139

下線 ………………………………… 84

関数の範囲の変更 ……………… 154

行の削除 …………………………… 65

行の追加 …………………………… 64

金額 ………………………………… 75

グラフの色 ……………………… 173

グラフのサイズ ………………… 172

グラフの作成…………………… 162

グラフの種類の変更 …………… 164

グラフのスタイル ……………… 174

グラフの選択範囲の変更 ……… 178

グラフのデータの修正 ………… 166

グラフのレイアウト …………… 175

繰り返し …………………………… 28

罫線 ………………………………… 54

罫線の色 …………………………… 57

罫線の削除………………………… 59

罫線のスタイル…………………… 58

罫線の太さ ………………………… 56

検索 ……………………………… 104

固定表示 ………………………… 130

コピー……………………… 32,148

コマンド …………………………… 24

コメント ………………………… 134

さ行

シートの追加……………………… 50

斜体 ………………………………… 83

縮小 ………………………………… 35

条件付き書式……………………… 96

ショートカットメニュー	26	フォント	80
絶対参照	156	フッター	132
セルの結合	70	太字	82
セルを選択	52	フリガナ	94
		プロンプト	184
		ヘッダー	132
		ヘルプ	44

た行

足し算	138
置換	105
中央揃え	90
データの移動	102
データの形式	76
データの修正	100
テーブル	114
テンプレートから作成	17

ま行

右揃え	91
見出し	168
目盛線	171
文字の色	85
文字の大きさ	78
文字の入力	20
文字の編集	21
文字の向き	92
文字を折り返して表示する	86
文字を縮小して表示する	88
元に戻す	30

な行

名前を付けて保存	18
並べ替え	106
入力モード	22

や行

やり直す	31
要素	170

は行

貼り付け	33
引き算	139
左揃え	91
日付	74
非表示	128
表に色を付ける	68
表の大きさの変更	60
表の複製	124
表の保護	120
ファイルを新規に作成	16
フィルター	110

ら行

リボン	24
列の削除	67
列の追加	66

わ行

割り算	139

本書の注意事項

- 本書に掲載されている情報は、2025 年 1 月現在のものです。本書の発行後に Excel の機能や操作方法、画面が変更された場合は、本書の手順どおりに操作できなくなる可能性があります。
- 本書に掲載されている画面や手順は一例であり、すべての環境で同様に動作することを保証するものではありません。利用環境によって、紙面とは異なる画面、異なる手順となる場合があります。
- 読者固有の環境についてのお問い合わせ、本書の発行後に変更された項目についてのお問い合わせにはお答えできない場合があります。あらかじめご了承ください。
- 本書に掲載されている手順以外についてのご質問は受け付けておりません。
- 本書の内容に関するお問い合わせに際して、お電話によるお問い合わせはご遠慮ください。

著者紹介

青木 志保（あおき・しほ）

福岡県出身。大学在学時からテクノロジーに関する記事の執筆などで活動。
現在は、研修やワークショップ、セミナーの講師をしながら、IT ライターとしても「誰にでもわかりやすい」をモットーに執筆、情報発信を続けている。

・**本書へのご意見・ご感想をお寄せください。**
URL：https://isbn2.sbcr.jp/31253/

Excelの基本が学べる教科書
Office 2024 ／ Microsoft 365 対応

2025 年 3 月 3 日 初版第 1 刷発行

著者	青木 志保
発行者	出井 貴完
発行所	SB クリエイティブ株式会社
	〒105-0001 東京都港区虎ノ門 2-2-1
	https://www.sbcr.jp/
印刷・製本	株式会社シナノ
カバーデザイン	小口 翔平＋畑中 茜（tobufune）

落丁本、乱丁本は小社営業部にてお取り替えいたします。

Printed in Japan ISBN 978-4-8156-3125-3